厄尔尼诺－南方涛动视角的全球季节降水预报有效性评估研究

陈浩玲　赵铜铁钢　陈晓宏 等　著

中国水利水电出版社
www.waterpub.com.cn
· 北京 ·

内 容 提 要

本书以厄尔尼诺-南方涛动遥相关关系为切入点，提出对全球气象模型季节降水预报的有效性评估分析方法。同时，本书构建了一个分析框架，用于识别厄尔尼诺-南方涛动遥相关与预报相关系数空间对应关系，并开发了量化遥相关和季节降水预报重合信息的集合运算方法。本书还比较了常见大尺度气象因子与全球季节降水遥相关关系，探讨了它们对全球气象模型季节降水预报相关系数的影响。

本书可供水利、气候及气象、生态和资源环境等领域的科技工作者、技术人员，以及大中专院校水利工程的教师、研究生、本科生参考。

图书在版编目（CIP）数据

厄尔尼诺-南方涛动视角的全球季节降水预报有效性评估研究 / 陈浩玲等著. -- 北京 : 中国水利水电出版社, 2024.3
ISBN 978-7-5226-1998-9

Ⅰ. ①厄… Ⅱ. ①陈… Ⅲ. ①降水预报—研究 Ⅳ. ①P457.6

中国国家版本馆CIP数据核字(2024)第001067号

书　名	厄尔尼诺-南方涛动视角的全球季节降水预报有效性评估研究 E'ERNINUO - NANFANG TAODONG SHIJIAO DE QUANQIU JIJIE JIANGSHUI YUBAO YOUXIAOXING PINGGU YANJIU
作　者	陈浩玲　赵铜铁钢　陈晓宏　等 著
出版发行	中国水利水电出版社 （北京市海淀区玉渊潭南路 1 号 D 座　100038） 网址：www.waterpub.com.cn E - mail：sales@mwr.gov.cn 电话：(010) 68545888（营销中心）
经　售	北京科水图书销售有限公司 电话：(010) 68545874、63202643 全国各地新华书店和相关出版物销售网点
排　版	中国水利水电出版社微机排版中心
印　刷	北京中献拓方科技发展有限公司
规　格	170mm×240mm　16 开本　7 印张　133 千字
版　次	2024 年 3 月第 1 版　2024 年 3 月第 1 次印刷
定　价	**38.00** 元

前言

近年来，全球气象模型稳步发展，为流域水文预报提供了丰富的降水、气温、蒸散发等基础驱动数据。相关研究发现，气温、蒸散发等预报信息呈现一定的精度；相比而言，降水预报受到天气混沌性和气候复杂性影响，其精度存在较大的时空变异性。对季节降水预报开展有效性评估，挖掘有效的预报信息，是提高季节水文预报精度和延长预见期的关键问题。常见的气象因子，如厄尔尼诺-南方涛动（ENSO）等，通过遥相关对区域乃至全球降水产生影响，被认为是季节降水可预报性的重要来源。相应的，全球气象模型对于遥相关关系的捕捉刻画能力，为季节降水预报有效性评估提供了一个关键切入点。本书以季节预报与观测降水之间的相关系数为研究对象，以美国国家环境预报中心（NCEP）的第二代气候预报系统（CFSv2）为研究案例，开发相关模型方法从 ENSO 遥相关的视角评估全球季节降水预报，从而为流域水文预报过程中降水驱动数据的选取提供参考。

本书针对季节降水预报与观测之间的相关系数，提出一种空间关联局部指标 LISAAC，分析相邻网格之间相关系数的空间关联关系。所提出的 LISAAC 指标在局部莫兰指数的基础上，进一步考虑了相关系数的标准化性质，同时结合了网格和其相邻网格相关系数的空间关系。对比局部莫兰指数，LISAAC 指标可有效辨识出相关系数的不同空间关联关系，指示出相关系数空间异常值的存在，并反映出 CFSv2 预报效果随着预见期缩短而不断改进的特点。

本书针对 ENSO 遥相关和相关系数的空间对应关系进行研究，建立了一个耦合相关系数与偏相关系数的分析框架，用以识别季节降水预报在不同季节和区域与 ENSO 遥相关的对应关系。对于季节初所做预报，全球尺度上，预报-观测相关系数和 ENSO 遥相关强度存在显著的对应关系；区域尺度上，在 12 月—次年 2 月的东南亚、北美洲南部、美洲中部和墨西哥，3—5 月的东南亚、巴西东北部和中亚，6—8 月的东南亚和南美洲西海岸以及 9—11 月的东南亚和澳大利亚地区存在较强的对应关系。对不同预见期的分析结果表明，预见期较长的预报受 ENSO 遥相关的影响更大。

本书面向 ENSO 遥相关和季节降水预报的信息，开发基于确定性系数的集合运算方法量化重合信息，分析遥相关对降水预报的影响程度。方法以线性回归为基础，分别量化预报和 Niño3.4 指数所解释的观测降水信息，并借助集合运算区分重叠与差异信息。分析结果发现，重叠与差异信息存在明显的季节性。其中，ENSO 对 12 月—次年 2 月和 8—10 月的 CFSv2 降水预报有较大影响；相较而言，6—8 月的季节降水预报和 Niño3.4 指数所能提供的观测降水信息比较有限。

ENSO 与印度洋偶极子（IOD）、北大西洋涛动（NAO）和南极涛动（AAO）的对比分析表明，CFSv2 降水预报同时受到其他过程的明显影响。ENSO 在四个季节对降水预报的影响都是最明显的，而 AAO 对 12 月—次年 2 月、IOD 对 9—11 月的降水预报影响较强。3—5 月和 6—8 月，各气象因子和降水的遥相关关系整体偏弱，且季节降水预报整体预报精度较低，ENSO 为主要的降水信号来源。此外，一些气象因子的信息并未体现在预报中，反映了季节降水预报可能的改进空间。

本书由中山大学土木工程学院陈晓宏教授和赵铜铁钢教授设计并提出，由中山大学土木工程学院毕业生陈浩玲撰写。中山大学陈志和教授、郭源副教授、涂铜壁副教授、俞炟副教授、王家彪助理教授和天津大学王旭副教授为本书研究提出了宝贵建议，在此向各位老师表示衷心的感谢！

开发和改进全球季节降水预报是一项艰巨的任务。对季节降水预报产品进行适用性评估，结合水文预报进行适应性水资源管理对社会经济可持续发展有着重要的指导作用。目前，该领域的许多科学技术问题仍然是研究的热点和难点，需要进一步深入的研究。限于作者水平，书中内容难免有不足之处，敬请同行专家和广大读者批评指正！

陈浩玲

2023年10月

目录

第1章　绪　论

1.1　研究背景与意义

在气候变化和人类活动的综合影响下，水资源管理面临较大的挑战（王浩 等，2010；张建云，2010；夏军 等，2011）。一方面，水文稳定性假设丧失，全球水文循环特征和水资源的时空格局发生明显的改变（Milly et al.，2008；於凡 等，2008；张建云 等，2008；Field et al.，2012；Sharma et al.，2018）；另一方面，随着经济社会的快速发展，人类用水需求发生动态改变，水资源利用的目标也随之变化（夏军 等，2016；Rodell et al.，2018；He et al.，2019）。变化环境要求水资源的管理具有更强的适应性和灵活性，以应对未来的水资源供给和人类用水需求（张利平 等，2009；Giuliani et al.，2019）。

可靠的水文预报信息能够为水资源适应性管理的开展提供科学依据（陈守煜，1997；徐炜 等，2013；王本德 等，2016；陈柯兵 等，2018；管晓祥 等，2018）。季节性水文预报通常有着较长的预见期，对水资源规划管理、防汛抗旱及水利工程的综合利用有着十分重要的意义（林沛榕 等，2017）。然而，随着预见期的增长，降水径流等变量的不确定性随之增大，预报难度也相应增大（张洪刚 等，2006；严登华 等，2013；赵铜铁钢，2013）。变化环境下，如何延长预报预见期、提高预报精度，是水文气象预报面临的关键挑战（黄忠恕 等，2005）。传统的季节性水文预报方法以基于径流自相关关系（赵铜铁钢 等，2012；纪昌明 等，2017）和水文-气象遥相关（Sankarasubramanian et al.，2003；杨龙 等，2013；孟二浩 等，2017）的统计方法为主。其中，基于遥相关的方法通常是建立流域水文气象要素和厄尔尼诺-南方涛动（El Niño - Southern Oscillation，ENSO）、印度洋偶极子（Indian Ocean Dipole，IOD）、北大西洋涛动（North Atlantic Oscillation，NAO）等大尺度气象因子之间的统计关系构建预报（汤成友，2008）。

流域气象条件是决定未来径流变化的重要因素（Maurer et al.，2003；Shukla et al.，2013；Pechlivanidis et al.，2020）。利用可靠的未来降水预报值是提高季节水文预报精度和延长预见期的有效途径（何小刚 等，2013；Eldardiry et al.，2021）。近年来，随着海洋、陆地、大气、海冰等模型的发展和超算技术的进步，全球气象模型（Global Climate Model，GCM）得到了稳步发展，能够预报未来一个季节到多个季节的气候条件，为流域水文预报和模拟提供了丰富的季节到年际尺度的降水预报信息。目前，基于 GCM 的气象预报资料被应用于驱动流域水文过程模型，以获取蒸散发（Zhao et al.，2019；Zhao et al.，2019）、土壤湿度（Yao et al.，2018）、径流（Eldardiry et al.，2021）等水文要素的预报。

多项研究指出，全球季节降水预报能力随着时间、地点和预见期的变化而变化（Zhao et al.，2017；Shin et al.，2019；黄泽青 等，2020）。对季节降水预报开展有效性评估，挖掘有效的预报信息，是进一步应用于水文模拟与预报的重要前提。常见的气象因子如 ENSO 等通过遥相关作用，可以对区域乃至全球降水产生重要影响，被认为是季节降水可预报性的主要来源（Trenberth et al.，1998；Mason et al.，2001；Doblas - Reyes et al.，2013）。GCM 刻画和捕捉这种遥相关关系的能力为评估模型预报有效性提供了一个关键切入点（Chen et al.，2017；Jong et al.，2021；Vashisht et al.，2021）。开展 ENSO 视角下的 GCM 季节降水预报有效性评估，对于提高季节降水预报能力的认识，开展中长期水文预报具有重要的意义。

1.2 季节水文气象预报

1.2.1 季节水文预报研究

水文预报是指根据已知的流域气象和水文状态，利用水文气象理论和预报技术，对水文气象要素未来的状态及可能影响进行预报（张建云，2010；包红军 等，2016）。按照预报的预见期，水文预报可分为短期水文预报和季节水文预报（林剑艺 等，2006）。其中，季节预报也称中长期预报，主要关注月至季节尺度的流域水文状况。季节水文预报具有相对较长的预见期，在防汛抗旱、水库调度、水资源规划管理等方面有重要的作用。例如，对于以发电为主的水库，结合预报产品确定预泄决策依据，是提高发电效益、减少弃水的关键（曹璐 等，2016）；相比于静态的水库调度规则，根据蓄水期来水量的预报编制更加灵活的蓄水方案，有利于缓解水库蓄水和下游需水的矛盾（陈柯兵 等，2018；Giuliani et al.，2019）；在地区洪水资源利用预案的制定中，利用较高精度的中长期预报界定系统中各类因素的未来状态，是防控风险和损失的有效手段（王富强，2008）。

季节水文预报的方法目前主要可以分为两类，即：数据驱动方法和过程驱动方法（王文 等，2005；李诒路，2018）。数据驱动方法建立预报因子和预报对象之间的数学关系，构建一定的数学模型，对未来水文要素进行预报。过程驱动方法则考虑了水文过程的物理机制，将气象预报信息和流域初始状态作为输入，通过描述流域产汇流过程的水文模型模拟流域内水文过程进行预报。

数据驱动方法根据水文要素变化的连续性、周期性和地区性等特点开展（陈守煜，1997；王富强 等，2010）。一般是利用数理统计方法，从大量历史水文资料中，分析预报因子和预报对象之间的规律，建立两者之间的统计关系来进行预报。例如，根据水文要素自身的时间变化规律，基于前期径流等信息利用自回归分析（Montanari et al.，2000）和多元线性回归（曹永强 等，2009）等方法开展中长期径流预报。或是建立径流和描述大气环流特征的气象因子的定量关系进行预报（赵建世 等，2016）。如葛朝霞等（2009）利用多因子逐步回归法，选择对年径流影响显著的水文气象物理因子作为预报因子，建立长江宜昌站年径流的多元回归预报模型。此外，随着新的数学方法的不断出现，人工神经网络模型（纪昌明 等，2017）、贝叶斯联合概率模型（Huang et al.，2020）、随机森林模型（赵铜铁钢 等，2012）、支持向量机模型（林剑艺 等，2006；孟二浩 等，2017）和小波分析（桑燕芳，2011）等现代方法被逐渐应用于季节水文预报当中，丰富了数据驱动方法，为季节水文预报提供了新的方向。

过程驱动方法借助能够反映流域产汇流特征的水文模型，将未来中长期气象信息作为模型输入，从而得到预报变量的未来状态（李岩 等，2008；Vano et al.，2014；Yuan et al.，2015）。过程驱动方法考虑了流域产汇流机制，对未来气候条件有更好的适应性，同时对历史资料的依赖程度较小。集合径流预报（ensemble streamflow prediction，ESP）方法是过程驱动方法的一种，其以流域当前土壤含水量等作为初始状态，利用历史的降水、气温等序列驱动水文模型，得到多组未来径流状态情景（Shukla et al.，2013；徐静 等，2014）。传统 ESP 方法假设历史同期的气象条件在未来会再次重现，但忽略了气象要素的变异性。因此，一些研究在此基础上引入气象因子，挑选出和预报年份有相似遥相关背景的气象集合来驱动水文模型（Hamlet et al.，1999；何小刚 等，2013）。近年来，随着流域水文模型的发展以及全球气象模型的不断改进，结合全球气象模型预报产品和水文模型的季节水文预报逐渐受到关注（Yuan et al.，

2015)。例如，欧洲中期天气预报中心（ECMWF）的全球中长期水文气象预报系统“GloFAS Seasonal”，利用季节气象预报驱动水文模型，向公众发布长达16 周的径流预报产品（Emerton et al.，2018）。

1.2.2 水文-气象遥相关关系

水文-气象遥相关是指空间距离相隔较远的气象因子和水文要素之间所呈现出来的统计显著的关联关系（陶诗言 等，1998；董前进 等，2016）。以 ENSO 为代表的气象因子能够指示大气环流的变化规律，是影响流域或区域尺度水文气象要素的重要信号（Dai et al.，2000；Yeh et al.，2018）。ENSO 是发生在热带太平洋的海气耦合现象，以 2～7 年为周期（Trenberth et al.，1998）。在正常情况下，赤道太平洋上空盛行偏东信风。在赤道南北两侧信风的驱动下，赤道太平洋表层海温形成了“东部偏低、西部偏高”的格局。而当发生厄尔尼诺（El Niño）时，信风强度减弱甚至变为西风，导致赤道东太平洋地区冷水上翻减少或停止，形成大范围的海水温度异常。在厄尔尼诺期间，印度尼西亚和澳大利亚东部地区的干旱事件更加频繁，而在秘鲁和厄瓜多尔沿岸等干旱地区出现异常偏多的降水。拉尼娜（La Niña）事件发生时，西太平洋地区对流活动增强，赤道南北两侧信风加强。期间，赤道太平洋西部往往异常偏湿，而赤道东太平洋地区则异常偏干（Dai et al.，2000）。除了对热带太平洋地区造成的影响外，厄尔尼诺事件和拉尼娜事件的出现还会通过大气环流的作用，以遥相关的方式间接影响全球的天气和气候特征（任福民 等，2012）。

ENSO 和区域水文气象要素的遥相关关系，被广泛地应用于对区域降水径流特征和极端水文气象事件等的分析中。以我国南方地区冬季降水为例，其受到明显的东亚冬季风的影响，Wang 等（2000）指出厄尔尼诺会引发菲律宾海附近对流层低层的异常反气旋，进而削弱东亚冬季风的强度，有利于热带的大量水汽向华南地区输送，拉尼娜期间情况则基本相反，这为华南地区冬季降水异常的预测工作提供了重要的支持。通过对季风系统的影响以及与中纬度西风带的相互作用等方式，厄尔尼诺对全球其他区域的影响还表现在中亚和西亚地区春季偏湿，非洲南部、巴西等地异常偏干（Lenssen et al.，2020）、北大西洋热带风暴频次降低（Wang et al.，2014）等。ENSO 事件也是引起旱涝等水文气象极端事件的关键因素。例如，Yan 等（2020）通过建立 Niño3.4 指数和洪水频率、历时、强度等指标之间的相关关系，发现了在热带和中纬度地区的雨季，Niño3.4 指数与多个流域的洪水频率和历时有显著的相关关系；Emerton 等（2017）通过重构的径流网格数据分析全球洪水风险，识别出了 ENSO 事件下洪水风险显著增加的区域和季节，为全球洪水风险分析提供了参考。

除了ENSO以外，常见的气象因子还包括NAO、IOD、北极涛动（AO）、南极涛动（AAO）等，这些气象因子同样对全球或区域季节水文气象要素具有一定的指示意义。大量的观测资料和分析研究表明，这些气候信号的变化，可以引起其他区域的大气环流异常，进而影响区域降水径流变化。例如，在南半球的冬季，IOD正相位激发赤道东印度洋波列，引发澳大利亚南部的东风异常，进而影响雨带的东移，并导致澳大利亚南部大部分地区降水异常减少（Cai et al.，2011）；在欧洲南部，NAO正相位发生时往往伴随着干旱的发生，而在欧洲北部则基本相反（López - Moreno et al.，2008）；而AAO和热带大气环流密切相关，一些研究发现，AAO能够影响西北太平洋台风发生的频次（王会军 等，2006）。整体上，大气环流的变化特征对区域天气气候有重要的影响（黄忠恕 等，2005），研究分析大尺度的环流变化特征和时空分布规律是流域水文气象预报研究的重要内容。

1.2.3 基于遥相关的统计预报

随着季节气象观测数据的不断增加以及对天气气候认识的不断加深，对季节降水径流影响因子的诊断和研究得到了水文气象预报领域的广泛关注（张洪波 等，2016）。基于遥相关的统计预报，通常将对季节水文气象要素具有影响的气象因子作为预报因子，结合水文气象要素自身的发展规律，构建统计模型进行预报（彭兆亮，2014）。相比于只考虑水文要素自身变化规律，利用表征大气环流特征的气象因子能够在预报中引入一定的气象学基础，以反映流域的气象背景，通常能够取得较好的效果。例如，孟二浩等（2017）选定Niño3.4、AO、PDO和北大西洋年代际振荡（AMO）4个气象因子，基于改进的支持向量机回归模型对张家山水文站测验断面径流进行预报，发现在考虑气象因子后预报精度得到明显提高；Steinschneider和Lall（2016）则根据未来ENSO情景的预测结果，提前1.5个月预报美国季节平均降水，实现对未来洪水风险的评估；李佳佳等（2019）以Niño1+2和全球海温距平作为预报因子构建统计模型，对长江流域上游地区旱季降水进行预报，并取得了较好的效果。

气象因子的选择和统计模型的构建是基于遥相关的统计预报的关键。通常在构建统计预报前，需要选择和流域水文要素相关性高的气象因子作为输入（熊怡 等，2021）。如何从众多的海温、环流等因子中，为特定流域选择合适的气象因子作为预报输入，是统计预报的一个难点（纪昌明 等，2017）。Wang等（2020）通过相关关系确定重要的气象因子，利用集合经验模式分解方法（EEMD）挖掘径流的物理信息；叶磊（2016）评估基于偏互信息的预报信息增量，选择合适的遥相关气象因子作为预报因子，开展金沙江流域季节径流预报。相关前期研究指出，采用合适的预报因子是建立季节水文预报的基础，对水文预报的效果有重要的影响。对于预报模型的构建，随着季节水文预报研究的开展，出现了以广义回归神经网络、支持向量机回归模型、随机森林等基于机器学习的数据驱动模型（孙娜，2019；熊怡 等，2021）。这些模型可以很好地挖掘和表达预报变量和气象因子之间的复杂关系，具有较强的非线性拟合能力，被逐渐应用到基于遥相关的水文预报当中（孟二浩 等，2017）。

1.3 全球气象模型降水预报

1.3.1 全球气象模型发展历程

全球气象模型通过求解一组描述地球系统状态、运动和变化的偏微分方程，对全球天气或气候的未来状态及变化规律进行预测（陈海山 等，2002；麻巨慧 等，2011；宋连春 等，2013）。自早期的大气环流模型（AGCM）开始，为了模拟地球系统的不同分量或整个气候系统的状态及其演变特征，不同等级的模型逐渐发展起来。模型所关注的对象从早期的大气开始向海洋、陆面、冰雪等气候系统分量乃至整个气候系统转变，从而更全面合理地描述气候系统中的不同动力、热力或化学等过程。

20世纪50年代，一些结构相对简单的大气环流模型开始出现，并逐渐在气候学研究中得到应用（孙照渤 等，2010）。自两层准地转大气环流模型构建后（Phillips，1956），大气环流模型的开发取得了很大的进展，模型的空间和时间分辨率均不断提高。一些发达国家的研究机构和气象气候中心先后研制了各具特色的大气环流模式。例如，美国地球物理流体动力学实验室（GFDL）的9层大气环流模式、美国国家大气研究中心（NCAR）的6层格点大气环流模式、英国气象局（UKMO）的11层大气环流模式等。

20世纪60年代末，对地球系统和气候过程的认识进一步深入，海洋模型、陆面模型和海冰模型陆续得到发展，不同类型的耦合模型也相继出现。陆面模型描述了复杂的下垫面状态变化，并为大气环流模型提供陆地的下边界条件。一些相对简单的海冰模型在这个时期开始被应用于对南、北极海冰厚度、密集度的模拟。同时，研究开始将海洋模型和大气环流模型耦合，以刻画海洋和大气之间的相互作用（Manabe et al.，1969）。国内外许多大气科学研究机构，包括NCAR、GFDL、国内的中国科学院大气物理研究所、中国气象科学研究院等都研发了各自的耦合模型。

20世纪70年代，得益于历史观测数据的丰富、超算技术的进步和数据同化技术的发展，动力数值模型得到快速发展。20 世纪 70 年代中期，大气环流模型开始被应用于月动力延伸预报。20 世纪 90 年代以来，耦合了气候系统各个分量的数值模型被逐渐应用于季节或年际尺度的预报（丁一汇，2011；贾小龙 等，2013）。随着 GCM 的不断发展，预报系统不断更新换代，预报能力逐渐提高。目前，许多国家的气象气候中心将最新的预报系统用于实际业务中，实时发布与生产生活密切相关的降水、气温等预报信息。例如，美国国家环境预报中心（NCEP）在 2006 年发布了第一代实时季节预报系统 CFSv1（Climate Forecast System version 1；Saha et al.，2006），并在 2011 年发布了第二代预报系统 CFSv2（Saha et al.，2014）；欧洲中期天气预报中心（ECMWF）于 1998 年开始将其第一代季节预报系统用于实时业务中，目前系统已开发至第五版 SEAS5（Johnson et al.，2019）；GFDL 相继发布了 FLOR、CM2.1、CM4 等耦合模型，并于 2020 年开始发布地球系统研究和预测无缝系统 SPEAR 的预报产品（Delworth et al.，2020）。

1.3.2 基于气象模型的全球降水预报

近年来，全球气象模型稳步发展，时空分辨率不断提高，逐步成为了季节降水预报的核心手段（Johnson et al.，2019；Becker et al.，2020；Delworth et al.，2020）。目前，全球主流气象预报中心都开发了基于各自模型的季节预报系统，例如美国国家环境预报中心（NCEP）的 CFSv2（Saha et al.，2014），欧洲中期天气预报中心（ECMWF）的第五版季节预报系统 SEAS5（Johnson et al.，2019），GFDL 的 SPEAR 系统（Delworth et al.，2020），以及我国国家气候中心的气候预测模式 BCC_CSM（吴统文 等，2013）等。同时，国际上先后开展了一系列与季节预报有关的研究计划，例如北美多模型集合预报实验 NMME（Kirtman et al.，2014）、欧洲多模型短期气候集合预报发展计划 DEMETER（Palmer et al.，2004）、多模型集合气候变化及影响预测计划 ENSEMBLES（Hewitt et al.，2005）和欧洲多模型季节到年际预测计划 EUROSIP（Vitart et al.，2007）等，为预报产品的评估和应用提供了平台，极大地推动了气象模型的发展。

北美多模型集合预报实验（NMME）整合了 NCEP 等多个研究机构和气候中心的数十套全球气象预报产品。该实验计划统一发布各个机构的预报数据，空间分辨率通过重采样设定为 1°、时间步长通过累加设为 1 个月。实验从 2011 年 8 月开始，向公众开放提供完整的逐月更新实时全球气象预报数据。目前，已有 16 个模型先后参与到 NMME 实验中。表 1－1 给出了参与到 NMME 实验中的模型简介。从表中第 3 列可以看到，这些模型能够提前 7～11 个月发布降水预报。此外，为了描述预报中存在的不确定性，模型通过采用不同的初始扰动等方法，产生不同的预报情景，预测未来可能发生的一组降水事件。如表1-1第4列所示，模型给出了4～30个不同的集合情景。针对NMME多模型预报的研究发现，融合多个预报模型的多模型集合技术可以有效综合不同模型的预报信息，提高整体预报水平。目前，NMME预报数据可通过哥伦比亚大学国际气候预测中心（International Research Institute for Climate and Society-Columbia University，IRI）获取。这些数据具有统一的格式，极大地方便了数据的获取和处理。目前，NMME的预报产品被广泛应用于水文、农业和环境等领域的研究中（Slater et al.，2016；Peng et al.，2018）。

表1-1　北美多模型集合预报实验（NMME）预报产品

模型名称	发布机构	预见期/月	集合情景数	参考文献
ECHAM4a	IRI	0～7	12	Dewitt，2005
ECHAM4f	IRI	0～7	12	Dewitt，2005
CFSv1	NCEP	0～8	15	Saha et al.，2006
CM2.1	GFDL	0～11	10	Delworth et al.，2006
RSMAS-CCSM3	NCAR	0～11	6	Kirtman et al.，2009
CanCM3（CMC1）	ECCC	0～11	10	Merryfield et al.，2013
CanCM4（CMC2）	ECCC	0～11	10	Merryfield et al.，2013
CanCM4i	ECCC	0～11	10	Merryfield et al.，2013
CM2.5（FLOR）	GFDL	0～11	24	Vecchi et al.，2014
CESM	NCAR	0～11	10	Small et al.，2014
CFSv2	NCEP	0～9	24	Saha et al.，2014
RSMAS-CCSM4	NCAR	0～11	10	Infanti et al.，2016
GMAO-GEOS5	NASA	0～9	11	Borovikov et al.，2017
GMAO-GEOSS2S	NASA	0～9	4	Molod et al.，2020
GEM-NEMO	ECCC	0～11	10	Lin et al.，2020
SPEAR	GFDL	0～11	30	Delworth et al.，2020

注：表中第2列的机构分别为：NCEP，美国国家环境预报中心；NCAR，美国国家大气研究中心；IRI，美国国际气候预测研究所；GFDL，美国地球物理流体动力学实验室；NASA，美国国家航空与宇航局；ECCC，加拿大气候与环境中心。

1.3.3 降水预报有效性分析

结合观测降水对全球气象模型降水预报开展有效性评估分析，是进一步应用降水产品的前提（张丹琦 等，2019；陈柯兵 等，2020；Huang et al.，

2022)。全球气象模型具有明确的物理机制，但是受参数化方案、模型结构、初始条件等的影响，其预报结果具有较大的不确定性（魏凤英，2011；贾小龙 等，2013)。并且，气候系统本身是一个极其复杂的非线性系统，存在诸多不确定因素（丁一汇，2011；Bridgman et al.，2014)。目前，开发和改进季节降水预报仍然是一项艰巨的任务。为了便于预报产品的评估分析，除了实时发布的业务预报外，全球气象模型还利用历史的海洋、大气、陆地等观测值作为初始条件进行回顾性预报（hindcasts，也称 retrospective forecasts)。以 NMME 实验中的 NCEP 第二代季节预报系统 CFSv2 为例，该模型于 2011 年 3 月提供业务化预报，同时提供了 1982—2010 年共 29 年的逐月历史降水回顾性预报。不少研究围绕全球气象模型降水预报产品，提取降水预报数据，分析原始预报的预报精度与预见期、季节以及地点等的关系（Becker et al.，2020；Zhao et al.，2020)。同时，针对预报产品的系统偏差等问题，一些研究发展了包括回归模型（张东方 等，2021)、分位数映射（Zhao et al.，2017)、贝叶斯联合概率模型（Wang et al.，2009)、贝叶斯模型平均（彭兆亮 等，2014）等后处理（post - processing）方法，对原始预报进行订正，以满足水文或环境模拟的需要。

值得注意的是，基于偏差订正的后处理方法本身并不能提供预报能力，模型的预报效果取决于气象模型本身。因此，量化评估原始预报能够多大程度上指示观测信息是降水预报评价和后处理的重要内容（Kim et al.，2012；Zhao et al.，2017；吴捷 等，2017)。集合降水预报产品通常包含预见期、集合成员、初始时间以及经度和纬度等多个维度，见表 1 - 1。为了描述原始降水预报的预报精度，最常用的方式之一是利用相关系数量化集合预报均值和观测值的相关程度（Yuan et al.，2011；Becker et al.，2020)。例如，Zhao 等（2019）利用主成分分析描述 NMME 十套降水预报产品的预报-观测相关系数的时空特征，揭示了季节降水预报精度随预报滚动保持稳定或整体改进两种主要模式；而 Becker 等（2020）以相关系数为指标，对比不同时期参与到 NMME 实验的模型组合，评估模型的更新换代对多模型集合预报效果的影响。

ENSO 和全球降水的遥相关关系被认为是季节降水可预报性的主要来源（Doblas - Reyes et al.，2013)。多项研究指出，除了关注降水模拟和预报的评价指标本身，基于物理过程的模型评估是应用和改进模型的重要内容（James et al.，2018；Vashisht et al.，2021)。因此，一些研究以预报重现观测的 ENSO -降水遥相关模式的程度为切入点，对预报的有效性进行评估。例如，Chen 等（2017）利用合成分析，对比不同 ENSO 事件下，NMME 的 6 套预报产品重现北半球冬季降水和温度与 ENSO 的遥相关关系的能力，发现大多数模型能够很好地预报出和 ENSO 相关的降水特征；Yang 和 Delsole（2012）以观测的遥相关空间特征为基准，系统地评估了 DEMETER 模型和 ENSEMBLES 模型预报遥相关空间特征的效果。除了直接对比观测和预报的遥相关空间特征，一些研究还聚焦于预报能否反映 ENSO 对区域降水产生影响的途径或过程。例如，Lu 等（2017）对比了不同气象模型对华南冬季降水的预报能力，发现能够预报出厄尔尼诺事件期间菲律宾海上空异常反气旋的模型对华南冬季降水具有更好的预报效果；Jong 等（2021）比较了 NMME 多个模型预报的北美夏季降水和温度对 ENSO 的响应，发现对于热带西太平洋异常降水的预报效果会影响温带地区降水响应的模拟。同时，多项研究指出，全球气象模型的预报能力主要来源于 ENSO 信号（Manzanas et al.，2014；Chen et al.，2020）。

1.4 研究思路与主要内容

1.4.1 研究思路

充分挖掘季节降水预报的有效信息，是延长流域水文预报预见期、提高预报精度的重要途径。相比于传统的水文-气象遥相关统计预报，全球气象模型描述了气候系统内部复杂的物理过程，具有明确的物理机制，同时具有丰富的时间尺度和较长的预见期。然而，季节降水预报效果往往存在很强的时空变异性，限制了预报产品的应用。本文的主要目标是挖掘全球季节降水预报的有效信息，分析季节降水预报产品的有效性。为了实现这个目标，本文主要面向以下 4 个方面的科学问题：

（1）相邻网格之间季节降水预报效果的空间关联关系。空间统计上一般认为空间上距离更近的事物存在更强的关联性。在实际计算中，相邻区域的降水往往并非独立，而是存在较强的关联关系。如果预报能够较好的重现大尺度的降水特征，预报精度较高的网格可能出现空间上的集聚。一些评估分析也指出，即使预报在一些网格上表现较好，其邻近网格不一定具有同样较好的效果。在这种情况下，“好的”预报的有效性需要进一步的研究分析。在降水预报有效性分析中，预报的时间和空间特征是重要的评估内容之一。一般的预报精度空间诊断图，例如相关系数的分布图，只能给出指标本身的空间分布，而无法考虑上述的相邻网格之间的关联关系。而常用的空间关联关系的统计指标在应用于相关系数时，则难以反映预报随时间滚动产生的改进。目前尚缺乏能够在考虑相关系数显著性的同时，考虑邻近网格间空间关联关系的评估指标，进而分析评价降水预报的时空分布特征。

（2）遥相关与全球季节降水预报效果在全球尺度的对应关系。很多研究指出全球季节降水预报效果较好的区域通常也是受到明显 ENSO 遥相关作用的区域。然而，这些研究往往是针对特定区域的 ENSO 遥相关作用进行分析。一方面，通过预报精度的空间诊断图，对比遥相关强度和预报精度的空间相似性；另一方面，对比 ENSO 对预报降水和对观测降水影响程度的一致性。在全球尺度上，对于 ENSO 遥相关和预报效果是否存在一定的对应关系，目前仍旧缺少特定的数学方法或分析流程用以量化识别。以预报-观测相关系数为例，针对 ENSO 遥相关和相关系数的空间对应关系，有必要构建识别和量化对应关系的分析流程，以分析 CFSv2 季节降水预报与 ENSO 遥相关在不同季节和区域的对应关系，评估 ENSO 遥相关强度对季节降水预报效果的影响。

（3）ENSO 遥相关强度与全球季节降水预报效果的信息重合度。ENSO 等气象因子所指示的大气环流变化作为全球气候系统的组成成分，是动力季节降水预报的重要内容。一些研究和业务预报中心分别开展统计和动力降水预报，以结合不同类型模型的预报信息。此外，一些研究将基于 ENSO-降水遥相关关系的统计预报模型作为评价基准，对动力的季节降水预报进行有效性评估。预期基于动力的全球季节降水预报能够提供和基于 ENSO 遥相关的统计预报相同或更多的降水信息。然而，目前还没有研究从全球尺度分析 ENSO 遥相关关系与全球季节降水预报信息的重合程度。因此，有必要提出相应的方法区分 ENSO 遥相关和季节降水预报所提供的降水信息，一方面，识别遥相关关系在哪些区域和季节提供了主要的预报信息；另一方面，分析季节降水预报在哪些区域还有进一步利用遥相关信息以改进效果的空间。

（4）相比 ENSO，IOD、NAO 和 AAO 对于季节降水预报的影响差异。由于 ENSO 对全球季节气候的驱动作用，多项研究聚焦于 ENSO，从 ENSO 事件的监测和预警、对未来降水状态的可能影响以及和季节降水可预报性的关系等方面进行分析。然而，相比于热带地区，ENSO 对一些中高纬度地区的降水影响整体偏弱，对于这些地区，季节降水可能受到其他信号的影响，降水预报的难度更大。除了 ENSO 以外，常见的气象因子如 IOD、NAO 和 AAO 等同样是重要的降水可预报性来源，对区域降水径流变化具有重要的指示作用。针对特定气象因子及其对降水预报影响的分析一般面向特定区域，尤其是中高纬度区域。目前有研究对比常见气象因子如何影响全球季节降水预报，以此来分析不同来源的季节降水可预报性是否在动力季节降水预报模型中得到体现。

1.4.2 主要内容

本书以全球气象模型季节降水预报为研究对象，从 ENSO 遥相关的视角对预报-观测相关系数进行分析，提出面向预报-观测相关系数的空间关联指标，识别预报-观测相关系数的空间关联特征，指出ENSO遥相关和预报-观测相关系数空间上对应关系的存在，并进一步量化和对比了ENSO和其他气象因子与降水的遥相关关系对预报-观测相关系数的影响。全文分为7章，总体框架和研究思路如图1-1所示。

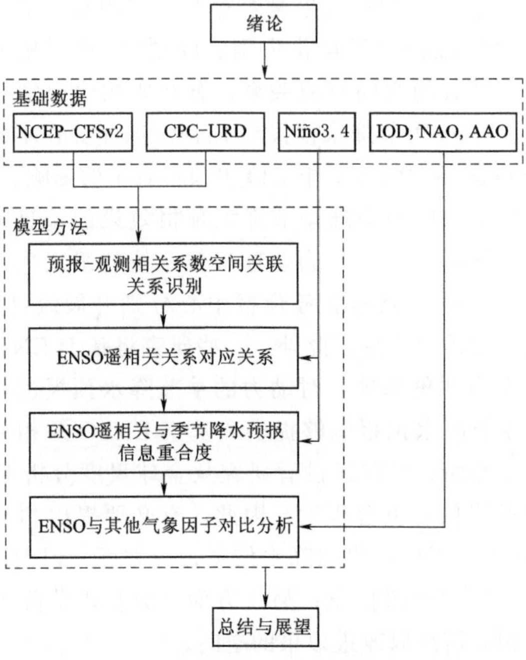

图1-1 总体框架与研究思路图

具体每章内容安排如下：

第1章为绪论，阐述本书的研究背景和意义。介绍季节水文预报的研究进展，概述了全球气象模型发展历程和主要的全球季节降水预报产品。指出有待解决的科学问题，在此基础上概括本书的研究思路和研究内容。

第2章介绍全球降水预报与观测数据。介绍了用于本书分析的NCEP-CFSv2降水预报产品、用于评估预报效果的全球降水观测数据集CPC-URD，以及用于计算遥相关系数的气象因子。同时给出数据获取方式和预处理方法，为接下来的分析提供基础。

第3章阐述相邻网格之间预报-观测相关系数的空间关联。提出面向预报-观测相关系数的局部空间关联指标LISAAC，对相关系数空间格局进行识别和分析。首先评估CFSv2季节降水的预报效果及其空间分布。对比LISAAC和传统的空间关联指标，表明LISAAC在识别和指示预报-观测相关系数的时空特征上的有效性。

第 4 章分析 ENSO 遥相关强度与预报-观测相关系数的对应关系。系统对比了 ENSO 遥相关强度和预报-观测相关系数的空间对应关系。基于显著性检验和偏相关分析，量化全球和区域尺度预报-观测相关系数显著为正的网格和遥相关强度的对应关系。

第 5 章辨析 ENSO 遥相关与季节降水预报信息重合度。提出了基于集合运算的 ENSO 遥相关和全球季节降水预报重叠与差异信息识别方法。在此基础之上，以 CFSv2 季节降水预报为例，指出 8 种不同的重叠与差异信息情形，并解释其对于水文气象预报的指示作用。

第 6 章对比 ENSO 与其他气象因子和季节降水预报信息的重合程度。分别选取了发源于印度洋的 IOD、北大西洋的 NAO 以及南半球的 AAO 3 个气象因子，分析他们和全球降水的遥相关关系以及和 CFSv2 预报降水的重叠与差异信息，并和 ENSO 的结果进行对比。

第 7 章为总结与展望。总结全文的主要成果，归纳主要创新点，分析存在的不足，并对接下来的工作做了一些展望。

第 2 章　全球降水预报与观测数据

2.1　引言

预报数据与观测数据之间的对应关系，是预报检验的核心内容（Yuan et al.，2011；Zhao et al.，2019；雍燕兰 等，2020）。本书围绕 CFSv2 季节降水预报，开发 ENSO 遥相关视角下的全球气象模型降水预报有效性评估分析方法。CFSv2 模型具有较长时间的历史预报数据，方便于预报有效性的评估。目前，CFSv2 的季节到年际尺度预报已被广泛应用于水文、农业和环境等领域的研究中（Yuan et al.，2013；Peng et al.，2018）。全球气象模型降水预报数据包含时间、空间、集合成员（或预报情景）和预见期等多种维度的信息（Kirtman et al.，2009；Becker et al.，2020）。为了评估预报降水和观测之间的对应关系，需要提取时间和空间尺度匹配预报季节的观测降水数据集。同时，对于气象因子和全球观测降水遥相关关系的强度，需要提取和预报及观测降水同期的指数。

本章节对本书所使用的数据进行概述。首先，介绍了所采用的 CFSv2 预报数据，给出回顾性预报数据获取来源和季节降水获取步骤；其次，介绍了用作参考的观测降水 CPC-URD 数据集，概述获取与预报时间匹配的观测降水的步骤；最后，依次介绍了用于第 4 章、第 5 章和第 6 章分析的 Niño3.4、DMI、NAO 和 AAO 指数时间序列。

2.2　CFSv2 全球降水预报

2.2.1　CFSv2 模型概述

NCEP 的季节预报系统 CFS 是一个耦合了海洋、陆地、大气和海冰成分的动力季节预报系统（Saha et al.，2006）。第一代 CFS（CFSv1）于 2004 年 8 月开始实施业务预报。系统的大气模块采用了 NCEP 的全球预报系统（GFS），海洋部分采用 GFDL 的第三代模块化海洋模型（MOM3）。CFSv1 进行了 24 年（1981—2004 年）的逐月历史回顾性预报，预见期长度为 8 个月。CFSv1 在季节和年际尺度预报上取得了一系列的重要进展，其预报产品被广泛应用于业务预报和可预报性研究中（Yang et al.，2008；陈官军 等，2010；李春晖 等，2012）。第二代 CFS（CFSv2）于 2011 年 3 月开始业务化运行。CFSv2 的大气模块采用了 NCEP 的 GFS，分辨率为 0.937°，海洋模块采用 GFDL 的第四代模块化海洋模型（MOM4），陆面部分采用四层 NOAH 陆面模型。CFSv2 对 12 个大气变量进行了逐月的历史回顾预报，预见期长度为 9 个月，共覆盖了 1982—2010 年共 29 年（Saha et al.，2014）。

CFSv2 同时提供 3 种预报产品。分别是：4 个时段（0UTC、6UTC、12UTC 和 18UTC）预见期长度为 9 个月的预报；1 个时段（0UTC）预见期长度为一个季节的预报（大概 123d）；3 个时段（6UTC、12UTC 和 18UTC）预见期长度为 45d 的预报。相比于 CFSv1，CFSv2 对全球陆地降水、气温、大尺度季风环流以及副热带气候等的预报技巧均有所提高（Yuan et al.，2011；Jiang et al.，2013；Yuan et al.，2013）。鉴于 CFSv2 业务化预报产品具有较长时间的回顾性预报资料、实时更新的预报及其在全球区域的预报优势，本书的研究工作主要基于 CFSv2 预报产品开展。

2.2.2 高维预报数据

全球气象模型预报数据集是典型的高维度数据。其包含起报时间、预见期、集合成员（或预报情景）、经度和纬度等信息。同时，研究发现模型季节降水预报精度随着预见期、季节和地点的改变而变化（Becker et al.，2014；Slater et al.，2016；Zhao et al.，2021）。本书主要对 CFSv2 模型的历史回顾预报数据进行有效性分析。该数据获取于国际气候预测中心（IRI）。预报数据共有 5 个维度，分别是：①起报时间 s，表示预报开始的月份，覆盖 1982 年 1 月—2010 年 12 月；②预见期 l，表示预报提前的月份，CFSv2 月预报数据的预见期长度为 9 个月，即 $l=0$，…，9；③集合成员 n，表示预报集合成员，CFSv2 所包含的集合成员总数为 24，即 $n=1$，…，24；④经度 x；⑤纬度 y。本书所获取的是北美多模型集合预报实验（NMME）中 CFSv2 的回顾性预报数据（Kirtman et al.，2014）。为便于模型间的对比分析，实验中所提供的预报数据产品统一空间分辨率为 1°×1°，时间分辨率为 1 个月。故 CFSv2 回顾预报数据集可表示为

$$F=[f_{s,l,n,y,x}] \tag{2-1}$$

式中：f 为指定了 5 个维度的月预报值，所有的预报值所组成的集合表示为 F。

2.2.3 季节降水预报的提取

所获取的历史回顾预报为月预报值，根据起报时间 s 及预见期，对同一个月初所作的连续 3 个月预报降水进行累加，以提取指定季节及预见期下的预报值：

$$F_{season,l}=[\overline{f}_{k,y,x}] \tag{2-2}$$

式中：下标 *season* 为预报季节；k 为目标预报年份（1982—2010 年）；$\overline{f}$ 为 24 个集合的预报均值，故式（2-2）中省去了集合成员的维度。

本书主要分析 4 个季节的降水预报，并用连续 3 个月的月份英文首字母组合作为下标表示预报季节，分别是 12 月—次年 2 月（December—January—February，DJF）、3—5 月（May—April—March，MAM）、6—8 月（June—July—August，JJA）和 9—11 月（September—October—November，SON）。例如，在 1 月初做出的 MAM 降水预报（即预见期 l 为 2 个月）可以表示为 $F_{MAM,2}=[\overline{f}_{k,y,x}]$。图 2-1 给出的是 CFSv2 在各个季节初所作降水预报多年平均值的空间分布。可以大体看到，预报降水反映了降水的整体时空特征，如雨带随季节的移动及降水随纬度升高而减少的趋势。

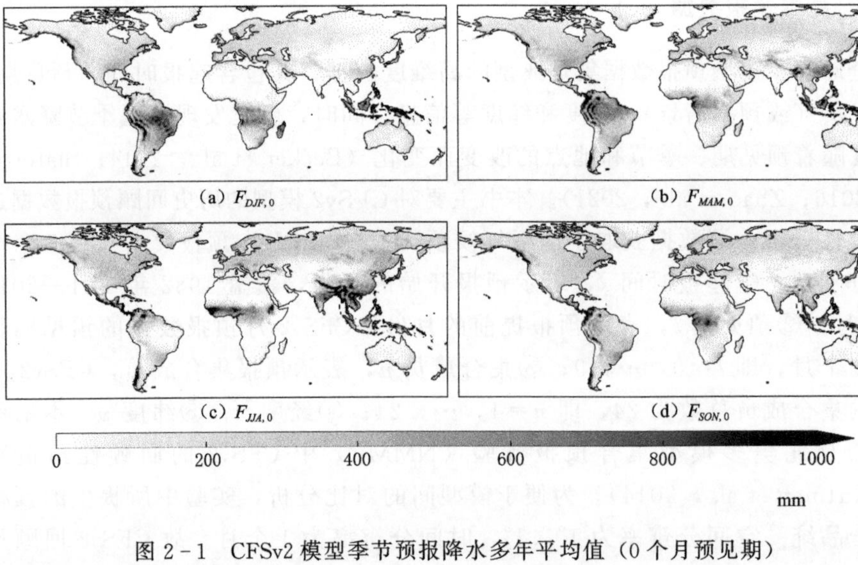

图 2-1　CFSv2 模型季节预报降水多年平均值（0 个月预见期）

2.3 CPC 全球降水观测

全球降水观测数据获取自 NOAA 气候预报中心的月尺度网格降水数据集 CPC－URD（Climate Prediction Center global daily Unified Raingauge Database；Xie et al.，2010）。该降水数据集被广泛应用于降水预报产品评价（Becker et al.，2014；Slater et al.，2016；Becker et al.，2020）和水文效用评估（高真 等，2021）等研究中。数据集获取于 IRI 平台。在 NMME 实验中，CPC－URD 观测降水从 0.5°×0.5°重采样到 1°×1°。类似预报数据，观测数据可以表示为

$$O=[o_{t,y,x}],\quad (t=s+l) \tag{2-3}$$

式中：观测数据集共有 3 个维度，分别是：时间 t，经度 x，纬度 y。其中时间 t 和预报时间对应，即起报时间加预见期（由于 CFSv2 预见期长度为 9 个月，观测数据 t 覆盖范围为 1982 年 1 月—2011 年 9 月）。本书针对所有网格，将连续 3 个月的降水累加得到对应的季节降水观测值。指定季节的降水观测表示为

$$O_{season}=[o_{k,x,y}] \tag{2-4}$$

式中：k 为预报的目标年份。和预报数据集一样，下标 *season* 用连续 3 个月的月份首字母表示对应季节，如 12 月—次年 2 月表示为 DJF。

2.4 气象因子

大尺度气象因子对全球或区域季节降水产生不同的影响，成为季节降水可预报性的主要来源。其中，厄尔尼诺-南方涛动（ENSO）被认为是全球气候变异中最重要的信号。ENSO 是热带太平洋大尺度海-气相互作用的产物，以 2～7 年的周期不断循环往复（Bjerknes，1969；Trenberth et al.，2001）。主要表现为赤道中东太平洋海温和气压异常的振荡现象（Trenberth et al.，2001）。本书采用被广泛应用于 ENSO 研究的 Niño3.4 指数来表征 ENSO 事件：

$$\text{Niño3.4}=[\text{Niño3.4}_t],(t=s+l) \tag{2-5}$$

式中：下标 t 和预报数据集时间对应，即时间 t 等于起报时间加预见期。该指数为东太平洋 170°～120°W，5°S～5°N 海区观测的海表温度异常（Sea Surface Temperature Anomaly，SSTA）平均值（Trenberth and Stepaniak，2001；Barnston et al.，2012；Ham et al.，2019）。图 2－2 中用实线给出了对应海区的地理位置。该一维时间序列获取于下载自美国国家气象局网站。

进一步的，指定预报季节下的 Niño3.4 指数可以表示为

$$\text{Niño3.4}_{season} = [\text{Niño3.4}_k] \tag{2-6}$$

式中：Niño3.4 为与指定季节的观测降水同期的多年 Niño3.4 指数的集合。

图 2-3 中分别给出了 4 个季节的 Niño3.4 指数情况。对于 ENSO 事件的定义，国际上并无统一的标准，中国气象局国家气候中心以 3 月滑动平均的 Niño3.4 指数连续至少 5 个月大于等于 0.5℃为一次厄尔尼诺事件（国家气候中心和中国气象科学研究院，2017）。参考国家气候中心的定义，图 2-3 以虚线标识出±0.5 所在位置作为参照。

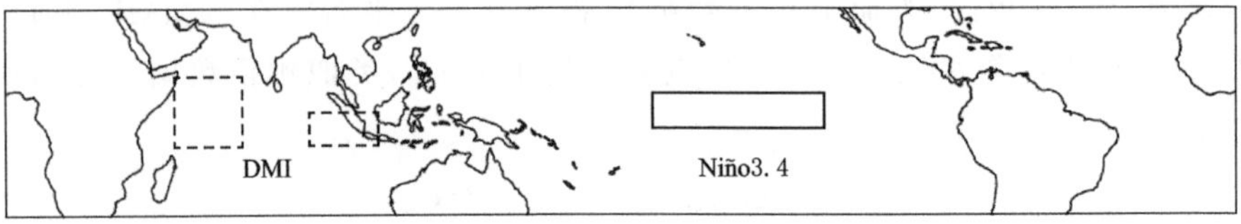

图 2-2 基于海表温度异常的气象因子地理位置

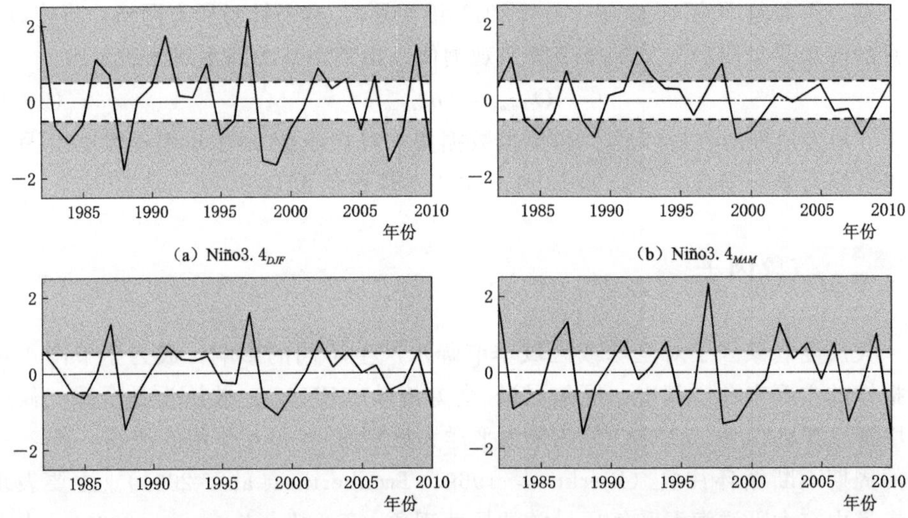

（a）Niño3.4_{DJF} （b）Niño3.4_{MAM}

（c）Niño3.4_{JJA} （d）Niño3.4_{SON}

图 2-3 Niño3.4 指数时间序列

除了 ENSO 以外，本书也对其他常见的气候信号进行分析，包括印度洋偶极子（IOD）、北大西洋涛动（NAO）和南极涛动（AAO）。其中，IOD 是西印度洋（50°～70°E，10°N～10°S）与东印度洋（90°～110°E，0°～10°S）出现的海温异常偶极振荡现象（Saji et al.，1999）。一般采用印度洋偶极子指数（Dipole Mode Index，DMI）来表示 IOD 现象，该指数定义为西印度洋与东印度洋的海温距平之差（姜继兰 等，2021），图 2-2 中虚线显示了 DMI 指数对应海域的地理位置。

所分析的月 *DMI* 时间序列获取自 NOAA。通过对连续 3 个月的指数取滑动平均，进一步得到季节 *DMI* 序列。对于指定季节的 *DMI* 指数时间序列，记为

$$DMI_{season} = [DMI_k] \tag{2-7}$$

图 2-4 中给出了 4 个季节下的 *DMI* 时间序列。澳大利亚气象局以±0.4 作为印度洋偶极子正（负）位相事件的划分依据。参考该阈值，图中以虚线标识出±0.4 所在位置作为参照。

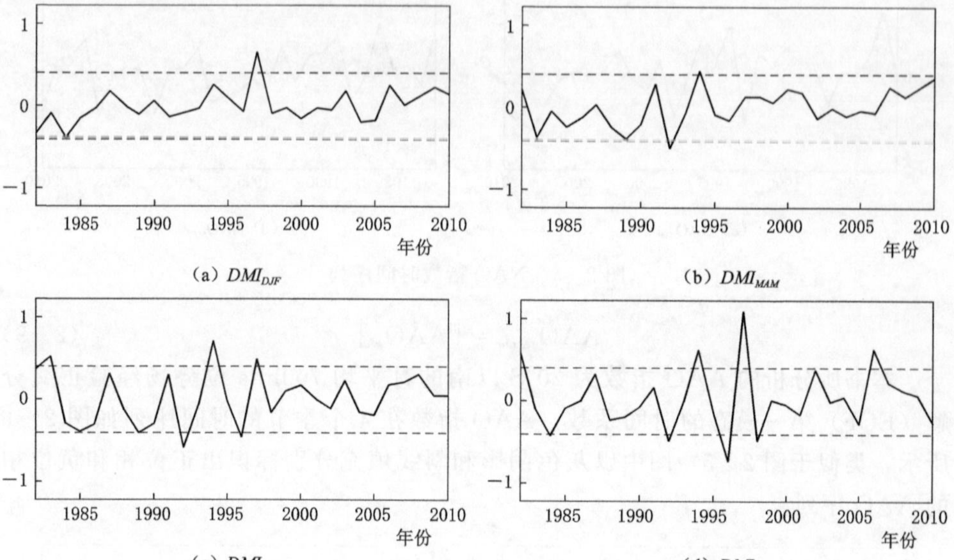

(a) DMI_{DJF} (b) DMI_{MAM}

(c) DMI_{JJA} (d) DMI_{SON}

图 2-4 *DMI* 指数时间序列

NAO 是北大西洋地区对流层大气环流变化最显著的模态，表现为气压场在北大西洋的高纬度地区（格陵兰岛附近）和中纬度地区（亚速尔群岛附近）之间的南北振荡（Wallace et al.，1981）。类似的，对该月时间序列取滑动平均得到季节 NAO 序列。对于 NAO 指数时间序列，可记为

$$\text{NAO}_{season} = [\text{NAO}_k] \tag{2-8}$$

图 2-5 给出了 NAO 指数在 4 个季节的时间序列。同时图中分别用灰色阴影和斜线填充标识出 NAO 指数大于和小于 0 的情况，即 NAO 正位相和负位相。其中，正位相期间亚速尔地区气压偏高，冰岛地区气压偏低，负位相期间反之（李崇银 等，1999）。

AAO 是发生在南半球的重要低频信号，定义为南极及南半球中高纬大气质量的反相变化（龚道溢 等，1998）。季节 AAO 指数序列表示为

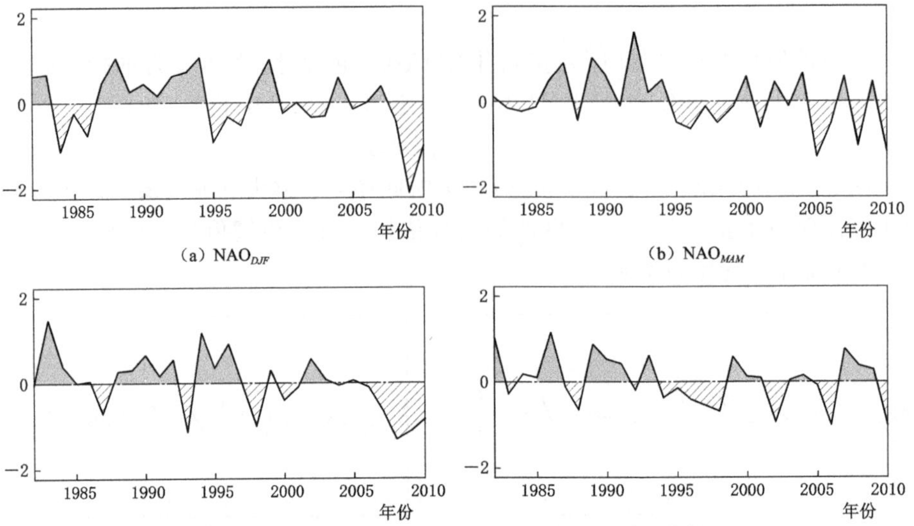

(a) NAO_{DJF}　(b) NAO_{MAM}

(c) NAO_{JJA}　(d) NAO_{SON}

图 2-5　NAO 指数时间序列

$$AAO_{season} = [AAO_k] \tag{2-9}$$

本书所分析的 AAO 指数为 20°S 以南的月平均 700hPa 位势场经验正交分解（EOF）第一模态的时间系数。AAO 指数在 4 个季节的时间序列如图 2-6 所示，类似于图 2-5，图中以灰色阴影和斜线填充分别标识出正位相和负位相的 AAO 序列。

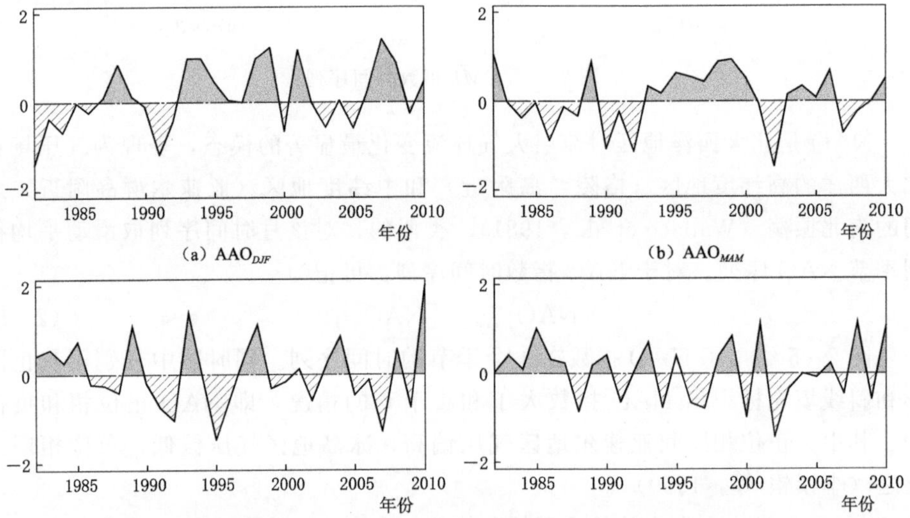

(a) AAO_{DJF}　(b) AAO_{MAM}

(c) AAO_{JJA}　(d) AAO_{SON}

图 2-6　AAO 指数时间序列

2.5 本章小结

本章节介绍了本书所分析的 CFSv2 降水预报数据集、全球观测降水数据集以及气象因子时间序列的获取来源及数据预处理。为后续的数据分析和方法提出奠定基础。具体的，提取指定季节和预见期下 CFSv2 连续 3 个月的季节集合均值降水预报结果；提取指定季节的全球季节降水观测数据及气象因子的时间序列。

第 3 章　相邻网格之间预报-观测相关系数的空间关联

3.1　引言

由于复杂的陆地—海洋—大气过程和相互作用，全球季节降水预报精度往往存在较大的时空变异性（Slater et al.，2016；Zhao et al.，2017；Zhao et al.，2018）。预报与观测的相关系数的空间诊断图是评估和分析全球季节降水预报的常用工具（Yuan et al.，2011；Zhao et al.，2017）。为了分析季节降水预报的时空变异特征，一些研究也利用相关系数对气候的潜在可预报性展开分析（Palmer et al.，2006；朗杨，2015；Chen et al.，2020；袁星 等，2020）。在实际计算中，相邻区域的降水往往并非独立，而是存在较强的关联关系。实际的预报评估往往发现，相关系数常出现负数或接近于 0 的情况，即预报对观测降水没有很好的指示作用（Zhao et al.，2018；Zhao et al.，2019；Becker et al.，2020）。而对于一些相关系数较高的网格，其邻近网格的相关系数可能并不统计显著，或甚至出现负相关，这种情况下，“正相关”的有效性和实际意义需要进一步的研究与分析。然而，一般的相关系数空间诊断图只能给出相关系数的空间分布信息，而无法考虑网格与其邻近网格之间的关系。

空间统计分析上一般认为，空间上距离更近的事物存在更强的关联性（Tobler，1970；Anselin，1995）。面向全球季节降水预报能力，Zhao 等（2020）利用局部莫兰指数对 NMME 实验中 10 套降水预报产品的预报-观测相关系数进行分析，发现相关系数存在显著的空间聚类模式，即高于（低于）平均水平的相关系数通常集聚出现，且不同模型的预报精度空间集聚结果存在较强的一致性，这些结果为区域可预报性的分析提供了参考。在该研究的基础上，本章提出面向预报-观测相关系数的空间关联局部指标 LISAAC（Local Indicator of Spatial Association of Anomaly Correlation），以考虑相关系数空间上的关联程度和相关系数本身的显著性信息，旨在为季节降水预报效果的时空变化评估提供新的诊断工具。

3.2 局部空间关联指标的提出

相关系数可用于衡量两个变量或时间序列之间关系的密切程度，其计算简便，概念明晰，是评价预报和观测关系的常用指标（Becker et al.，2014；Zhao et al.，2019；Chen et al.，2020）。季节降水预报的空间属性使得利用空间分布图能够更全面地展现预报效果的空间特征。利用相关系数的空间分布图，可以进一步展示季节降水预报和观测在区域或全球尺度的相关程度。记空间上网格 i 的坐标为（x_i，y_i），该网格的预报和观测之间的相关系数可计算如下：

$$r(o,f)=\frac{\sum_k (o_k-\overline{o})(f_k-\overline{f})}{\sqrt{\sum_k (o_k-\overline{o})^2}\sqrt{\sum_k (f_k-\overline{f})^2}} \tag{3-1}$$

式中：$o_k(f_k)$ 为第 k 年的观测季节降水；$\overline{o}(\overline{f})$ 为 $o_k(f_k)$ 的多年均值。

$r(o, f)$ 的值为［−1，1］，当两个变量完全单调相关时，$r(o, f)$ 的值为 1 或 −1。对于预报而言，正的 $r(o, f)$ 表示预报降水偏高（偏低）时，观测降水偏高（偏低），即预报对观测降水有较好的指示作用；相反的，负的 $r(o, f)$ 表示预报无法反映观测降水的变异性。指定季节和预见期 l 下所有网格的相关系数可表示为集合：

$$R_{season,l}=[r_i] \tag{3-2}$$

美国地理学家 Tobler 指出地理空间关联性的存在，并在此基础上提出了地理学第一定律，即“所有的地理事物都存在关系，但距离较近的事物比距离较远的事物更相关”（Tobler，1970）。从这个角度来看，邻近网格的预报-观测相关系数预期会相互关联。空间关联性指的是同一变量在不同地理空间位置上的关联程度。通常，空间关联程度可从全局和局部两个角度进行评估。其中，全局关联性采用单一的指标来反映整个研究区域的空间模式，局部关联程度则计算变量在每一个空间单元和邻近单元的相关程度。描述这种地理空间的局部关联性的指标 LISA（Local Indicator of Spatial Association）（Anselin，1995）。常用的地理空间的局部关联性指标包括局部莫兰指数和局部 Geary C 指数等（张松林 等，2007）。其中，局部莫兰指数由 Anselin（1995）提出，被广泛应用在水文、环境、地质和社会经济等空间数据的分析处理中（Propastin et al.，2008；O’Leary et al.，2016；Yan et al.，2018）。

局部莫兰指数的计算考虑了变量空间上的集聚性或异质性。分别记空间上两个网格 i 和 j 的坐标为（x_i，y_i）和（x_j，y_j），则对于指定季节和预见期 l 下的

相关系数集合 R_{season}，l，第 i 个网格的局部莫兰指数可以按式（3-3）计算为

$$I_i = \frac{(r_i - \bar{r}) \dfrac{\sum_{j=1, j\neq i}^{N} w_{i,j}(r_j - \bar{r})}{\sum_{j=1, j\neq i}^{N} w_{i,j}}}{\dfrac{1}{N}\sum_{i=1}^{N}(r_i - \bar{r})^2} \tag{3-3}$$

式中：$\bar{r}$ 为所有网格相关系数的均值；N 为全球网格总数；$w_{i,j}$ 为用于将 r_i 与邻近网格 r_j 进行联系的权重系数；$\sum_{j=1,\ j\neq i}^{N} w_{i,j}(r_j - \bar{r}) / \sum_{j=1,\ j\neq i}^{N} w_{i,j}$ 为空间滞后（spatial lag），表示网格 i 邻近网格 j 的预报-观测相关系数空间加权。

式（3-3）的分子部分［即 $(r_i - \bar{r}) \sum_{j=1,\ j\neq i}^{N} w_{i,j}(r_j - \bar{r}) / \sum_{j=1,\ j\neq i}^{N} w_{i,j}$］量化了 r_i 与邻近网格 r_j 的关联关系强度，而分母部分［即 $\sum_{i=1}^{N}(r_i - \bar{r}^2)$］计算了 r_i 的方差，其作用是对分子部分进行标准化，使所得 I_i 的范围为（－1，1）。当 r_i 和其邻近点 r_j 都高于（低于）$\bar{r}$ 时，$I_i>0$；当 r_i 高于（低于）$\bar{r}$，而邻近网格 r_j 整体上低于（高于）$\bar{r}$ 时，$I_i<0$。

式（3-3）中的权重系数是影响 I_i 的重要参数。为了使权重系数随距离增大而衰减，权重系数采用反距离权重法计算。两网格间的距离根据欧几里得法计算，并以该距离平方的倒数作为两网格之间的距离权重系数：

$$w_{i,j} = \begin{cases} \dfrac{1}{d(i,j)^2}, & d(i,j) \leqslant d \\ 0, & d(i,j) > d \end{cases} \tag{3-4}$$

式中：$d(i,j)$ 为第 i 和 j 个网格之间的欧式距离，即 $d(i,j) = \sqrt{(x_i - x_j)^2 + (y_i - y_j)^2}$。

$d(i,j)$ 越大，邻近网格相关系数 r_j 对 I_i 的影响越小。通常根据所分析数据的尺度来预设距离阈值以减少计算量。本章设定距离阈值 d 为 $10°$（约 1000km），即当 $d(i,j)>10°$ 的时候，权重系数 $w_{i,j}$ 设为 0。

局部莫兰指数反映了相关系数相对于 $\bar{r}$ 的高（低）程度，所得结果可以反映相关系数整体的空间布局情况。然而，对于预报-观测相关系数而言，局部莫兰指数无法给出相关系数自身显著性的信息。而且，局部莫兰指数的中心化处理使所得指数只能反映同一模型或时间下，相对的高值和低值分布，而难以对不同预见期、季节或气象模型的计算结果进行横向对比，无法反映出模型预报精度整体的变化。此外，相关系数本身已经具有标准化的无量纲性质，而根据式（3-3），局部莫兰指数的计算中还会对变量进行一次重复的标准化处理。

为了解决上述的问题，本书针对相关系数的性质提出 LISAAC（Local Indicator of Spatial Association of Anomaly Correlation）指标。对于指定季节和预见期 l 下的相关系数集合 $R_{season,l}$，网格 i 的局部空间关联指标 LISAAC 按下式计算得到：

$$C_i = r_i \frac{\sum_{j=1,j\neq i}^{N} w_{i,j} r_j}{\sum_{j=1,j\neq i}^{N} w_{i,j}} \tag{3-5}$$

其中，C_i 由网格 r_i 和其空间滞后项 $\sum_{j=1,\,j\neq i}^{N} w_{i,j} r_j / \sum_{j=1,j\neq i}^{N} w_{i,j}$ 的乘积得到的。如此一来，C_i 直接根据相关系数 r 本身获得，而不再对 r 进行标准化处理。r 的范围为（-1，1），保证了 C_i 的值范围保持为（-1，1）。C_i 描述了网格 i 的 r_i 和其邻近网格 r_j 之间关联关系的强度。

3.3 空间关联分析实验方案

本章以 CFSv2 所作季节降水预报为例，分别以相关系数的显著性、局部莫兰指数和 LISAAC 为依据对逐网格的预报-观测相关系数进行分类，验证所提出的 LISAAC 指标在评估预报精度时间空间分布变化上的优势。

以 JJA 降水预报为例，分别提取 1—6 月 CFSv2 对 JJA 降水的预报值，根据式（3-1）求取预报和 JJA 观测降水的相关系数。各网格根据其预报和观测降水相关系数的显著性，可以分为显著正相关（significantly positive，P），不显著（non-significant，ns）以及显著负相关（significantly negative，N）3 种类别。分别取显著性水平 α 为 0.05、0.10 和 0.20，以分析给定不同显著性水平时，各分类结果的稳定性。

局部莫兰指数的原假设认为研究变量在空间上是不相关的，即 r_i 的邻近网格 r_j 是随机分布的。因此 I_i 的显著性可以通过随机排列全球 r_j 得到的参考分布来检验。对全球网格进行重新排列（permutation），并对网格 i 重新计算得到相应的局部莫兰指数 I'_i。通过多次的重新排列计算（本书共进行 1000 次的重排计算），可以得到 I_i 的经验参考分布。给定显著性水平 α，根据参考分布可以分别求得分位数 $I_{\alpha/2}$ 和 $I_{1-\alpha/2}$。根据局部莫兰指数，可以对网格进行如下分类：

$$case_i = \begin{cases} \text{HH} & (I_i > I_{1-\alpha/2}) \cup (r_i > \bar{r}) \\ \text{HL} & (I_i < I_{\alpha/2}) \cup (r_i > \bar{r}) \\ \text{ns} & (I_{\alpha/2} \leqslant I_i \leqslant I_{1-\alpha/2}) \\ \text{LH} & (I_i < I_{\alpha/2}) \cup (r_i < \bar{r}) \\ \text{LL} & (I_i < I_{1-\alpha/2}) \cup (r_i < \bar{r}) \end{cases} \tag{3-6}$$

如式（3－6）所示，分类结果为 HH（Higher－Higher）、HL（Higher－Lower）、ns（non－significant）、LH（Lower－Higher）和 LL（Lower－Lower）。HH 表示某一网格和其他周围网格的 r 值均较高，HL 表示某一网格的 r 较高但周围点较低。LH 和 LL 正好相反，表示某一网格的 r 较低但邻近网格的 r 较高。HH 和 LL 两种情况表明 r 具有较强的空间正相关，即变量存在空间上的关联性，而 LH 和 HL 表示存在较强的空间负相关，说明存在区域异质性。

不同于局部莫兰指数，面向预报评估的 LISAAC 指标的原假设为预报和观测降水没有统计上的显著相关性，也就是说，预报与观测相关系数不统计显著。因此，通过多次（本书进行了 1000 次随机试验）随机排列网格 $i(j)$ 的预报和观测降水序列（而非重新排列网格），重新计算 $r_i'(r_j')$ 及相应的 C_i'，从而构建 C_i 的经验参考分布 H，可以判断 C_i 的显著性。依据经验参考分布 H，可获得观测 C_i 对应的 p_i 值，以表示原假设为真时的强度。根据观测 r_i 和相应的 p_i 值，可计算得到网格 i 的分类：

$$case_i = \begin{cases} \text{PP} & (r_i > 0) \cup (p_i > 1-\alpha/2) \\ \text{PN} & (r_i > 0) \cup (p_i < \alpha/2) \\ \text{ns} & (\alpha/2 \leqslant p_i \leqslant 1-\alpha/2) \\ \text{NP} & (r_i < 0) \cup (p_i < \alpha/2) \\ \text{NN} & (r_i < 0) \cup (p_i > 1-\alpha/2) \end{cases} \tag{3-7}$$

式中：PP（Positive－Positive）为某一网格和其邻近网格的 r 都显著为正；PN（Positive－Negative）为某一网格的 r 为正，但其邻近网格的 r 值偏低或为负；ns（non－significant）为网格 r_i 及其邻近网格 r_j 均不显著；NP（Negative－Positive）为负 r_i 被正的 r_j 围绕；NN（Negative－Negative）为负 r_i 被负 r_j 围绕。PP 和 NN 表示 r 值具有较高的空间正相关性，提示网格集聚的存在。而 PN 和 NP 则反映了 r 的空间分布存在异质性。

在以上分类结果的基础上，可以依次统计不同方法下各类网格在全球的占比。通过对比不同预见期、不同显著性水平下，各类网格占比的变化，反映不同方法在评估预报-观测相关系数变化上的效果。

3.4 空间关系分析结果

3.4.1 相关系数空间分布

CFSv2 模型 6 月初对 JJA 作出的降水预报与观测的相关系数空间分布如图 3－1 所示。可以看到，在南美洲、美国西部、东南亚以及澳大利亚西部和东部的大部分地区，相关系数数值普遍较高。这反映了这些地区预报整体上和观测值有较好的对应关系，即预报偏大（偏小）反映了观测值偏大（偏小）。此外，有少部分地区出现相关系数为负的网格，主要是北半球中高纬度地区，预报在这些地方整体上效果不理想。

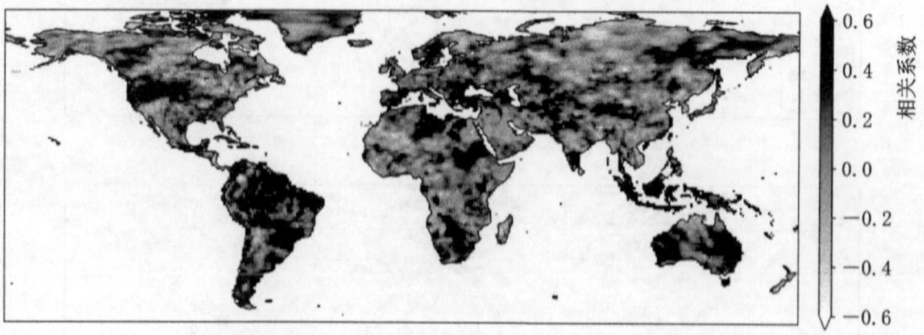

图 3-1　CFSv2 模型 6 月初 JJA 降水预报-观测相关系数空间分布

逐网格的相关系数显著性如图 3-2 所示，图中分别给出了不同显著性水平下的检验结果（即显著性水平 $\alpha=0.05$，0.10 和 0.20）。可以看到相当一部分区域的预报呈现连续的显著正相关。相关系数显著为负的网格标注为深灰色，这部分网格零散分布在中高纬度地区。此外，大部分的陆地网格标注为浅灰色，即相关系数不显著。值得注意的是，一些相邻较近的区域，同时出现了 P 和 N 两种类型的网格。图 3-1 和图 3-2 反映了 CFSv2 在相当一部分区域可以提供较好的预报信息，但是整体上其预报能力还有很大的改进空间。全球相关系数显著性的空间分布图，显示了全球哪些区域预报效果是较好的。但无法反映：一些零散出现的网格是否是空间上的异常值？空间上连续出现的正相关网格是否具有显著的空间相关性？

3.4.2　局部莫兰指数分析

首先通过局部莫兰指数分析预报-观测相关系数的空间关联性。图 3-3 展示了给定不同的显著水平时，CFSv2 全球预报-观测相关系数根据莫兰指数进行分类的结果。图 3-3 中，分类为 HH 网格，这一类网格主要分布在美国、南美洲和澳大利亚。分类为 LL 网格，主要分布在亚洲和非洲。而其他区域几乎以分类为 ns 的网格为主。

对比图 3-2 和图 3-3 可以看到，显示低相关系数聚类的 LL 类别在图 3-3 中的分布范围更广。这些区域并不仅仅对应于图 3-2 中相关系数为负的区域，也囊括了大量的相关系数不显著的网格。这主要是因为局部莫兰指数反映的是相对高值和低值的聚集程度。局部莫兰指数以全球相关系数的平均值作为基准

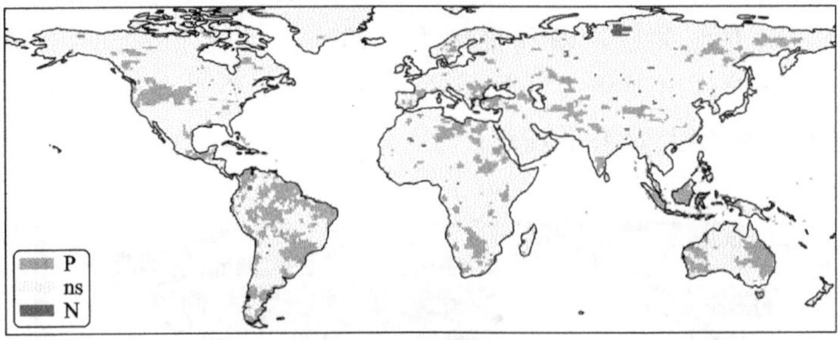

(a) α=0.05

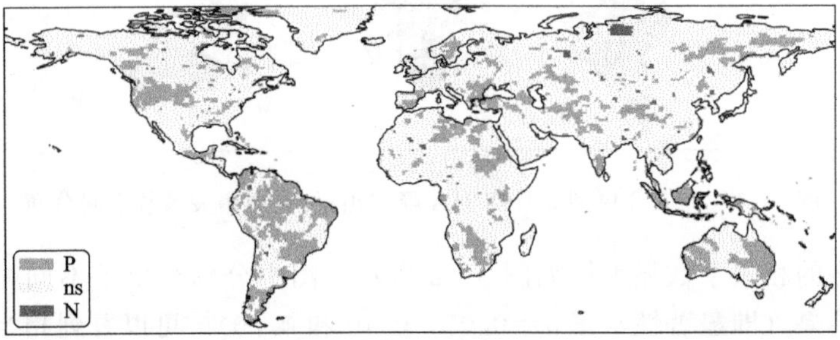

(b) α=0.10

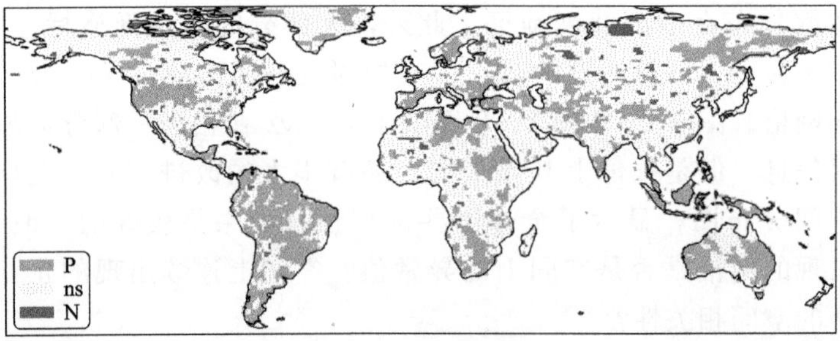

(c) α=0.20

图 3-2 CFSv2 模型 6 月初 JJA 降水预报-观测相关系数按显著性分类

来衡量相关系数数值的高低，最后所计算的指标反映了一个网格是否被同样高于（低于）均值的相关系数所包围。而全球相关系数的均值大于 0，因此低于均值的相关系数还包括了相当一部分部分正的相关系数。这使得图 3-3 中出现了大量的 LL 网格。

3.4.3 LISAAC 分析

利用 LISAAC 进一步分析了预报-观测相关系数的空间关联性。如图 3-4 所示，根据逐网格计算的 LISAAC 指标，相关系数被分类为 PP、PN、ns、NP

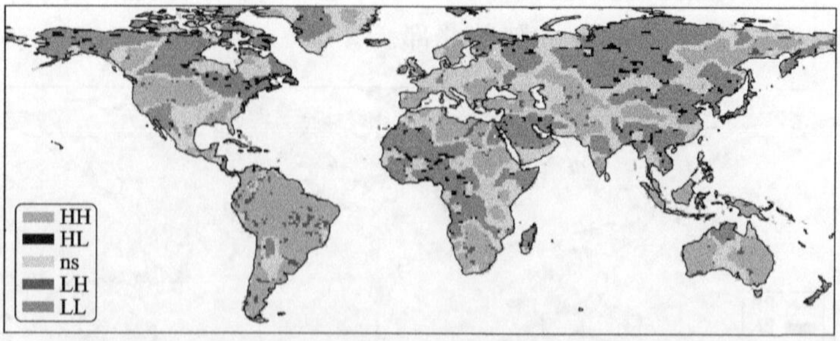

(a) $\alpha=0.05$

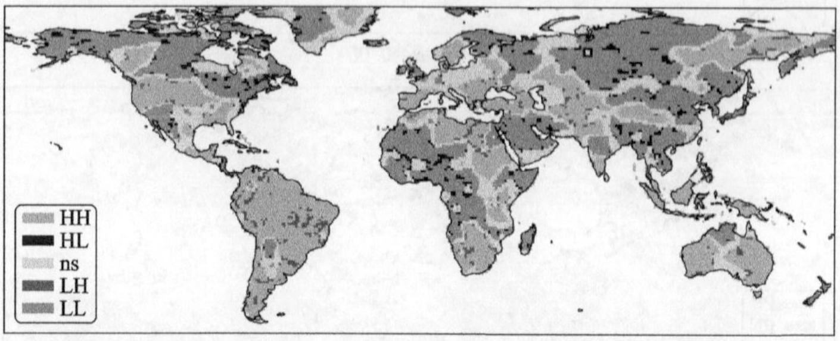

(b) $\alpha=0.10$

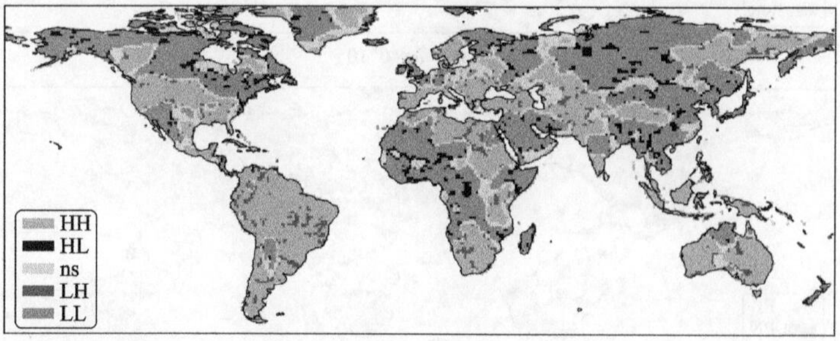

(c) $\alpha=0.20$

图 3-3 CFSv2 模型 6 月初 JJA 降水预报-观测相关系数按局部莫兰指数分类

和 NN 5 种情况。对比图 3-4 和图 3-3 可以看到，5 种类别在空间分布上存在很大的差异。图 3-3 中大部分分类为 LL 的区域在图 3-4 显示为 ns，表明该网格及其邻近网格的相关系数整体上是不显著的。此外，在图 3-4 中可以观察到和图 3-2 非常相似的空间布局。图 3-4 中分类为 PP 的区域（表明该网格及其邻近网格的相关系数整体显著为正）和图 3-2 中的相关系数显著为正区域有很好的一致性。而图 3-4 和图 3-2 的主要差异之处是，LISAAC 在反映相关系数显著性的基础上，还进一步识别出了 PN 和 NP 两类网格。这两种类别的网格代表了空间上相关系数的异常值，即相关系数为正（负）的网格邻近点为负

（正）。其中，NP 网格出现的更加频繁，主要分布在 PP 网格的附近，而 PN 网格相对较少，主要分布在欧亚大陆的北部。

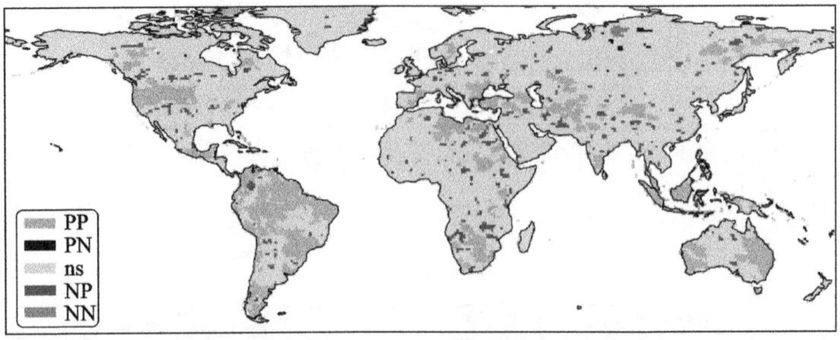

（a）$\alpha=0.05$

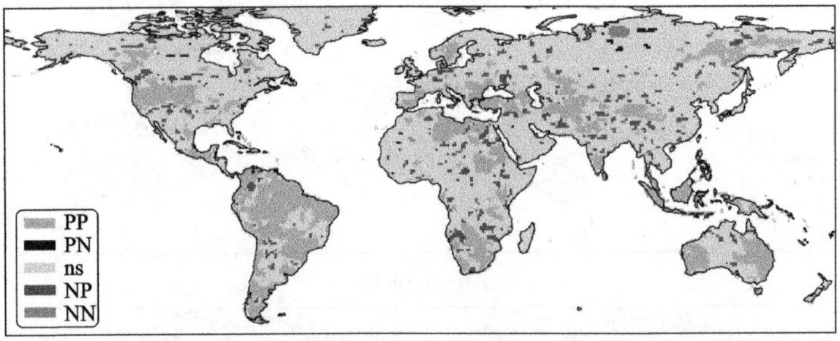

（b）$\alpha=0.10$

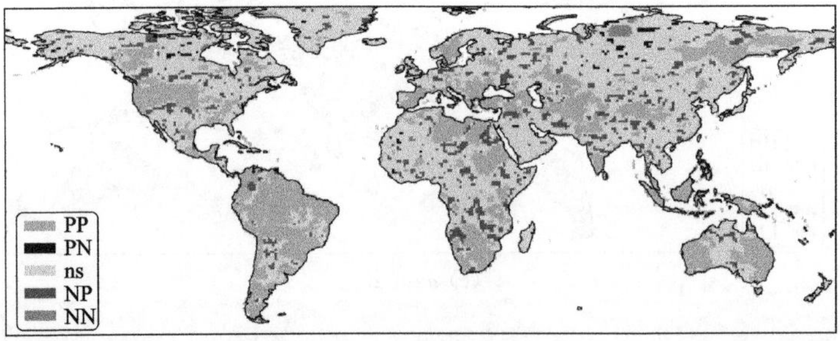

（c）$\alpha=0.20$

图 3-4　CFSv2 模型 6 月初 JJA 降水预报相关系数按 LISAAC 分类

3.4.4　不同预见期结果对比

图 3-2、图 3-3 和图 3-4 反映了在不同的显著性水平下，分类结果的空间模式是一致的。这说明了两类 LISA 指标分类的稳定性。进一步对比不同预报预见期，同一显著性水平下（$\alpha=0.10$），不同类别的网格在全球的占比，即对比 CFSv2 分别从 1 月初到 6 月初做出的 JJA 季节降水预报和观测的相关系数。每个月初所做预报计算得到的相关系数分别根据显著性水平、局部莫兰指数和

LISAAC进行分类，并统计各类别的占比，按照起报时间绘制为堆叠柱状图，以对比不同预见期下，各类网格占比的变化情况（图3-5）。图中第一行为按照相关系数显著性进行统计的结果。其中，相关系数显著为正的网格随着预见期的缩短，其占比不断升高；相对的，相关系数显著为负的网格占比逐渐降低。不显著的网格占比最大，1—5月，其占比变化不明显，5—6月，不显著网格的占比明显减少。

图3-5的中间一行子图描述了通过局部莫兰指数分类所得网格的占比。可以看到随着预见期的变化，各类网格的占比几乎没有发生变化。由于局部莫兰指数反映的是同一空间图中网格之间相对的空间格局，无法对比不同预见期和季节下相关系数本身的变化。所以通过局部莫兰指数，无法从各类别网格的占

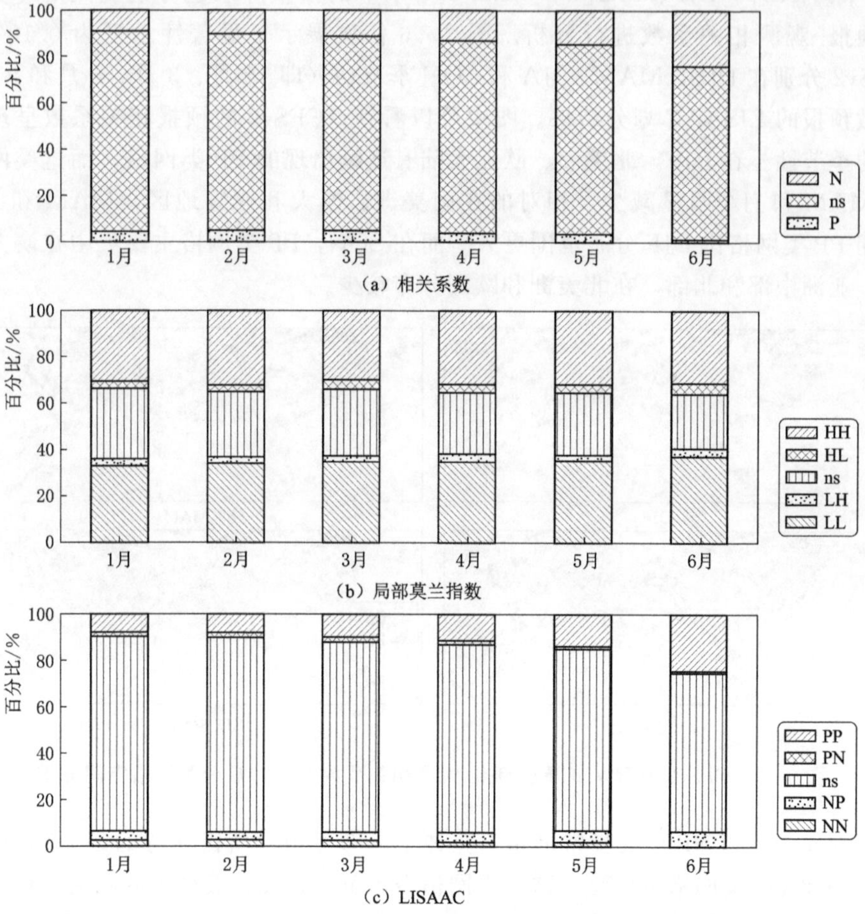

图3-5 CFSv2模型从1月初到6月初所做JJA季节降水预报与观测相关系数的分类占比分布（显著性水平 $\alpha=0.10$）

比反映出 CFSv2 预报效果的改变。

图 3－5 的最后一行子图描述了根据 LISAAC 得到的 5 类网格占比。网格 PP 的占比从 1 月到 6 月逐步增加；网格 PN 的占比在不同起报期占比均较低，且 6 月初所作的预报几乎没有这类网格；网格 ns 的占比随着预见期减少而不断降低。这些结果一起说明了 CFSv2 预报效果随着预见期缩短而稳步提升。对于 NP 和 NN 两类网格，两者总的占比在 6 个起报期下变化不大。同时，随着预见期缩短，NP 的数量增加而 NN 的数量不断减少。这反映了从 1 月到 6 月，由于预报效果的改善，相关系数为负的网格更加可能被相关系数为正的网格所包围。

3.4.5 其他季节对比分析

除 JJA 外，DJF、MAM 和 SON 3 个季节的预报降水也分别利用 LISAAC 对预报-观测相关系数进行分析。图 3－6 依次展示了显著性水平为 0.10 时，CFSv2 分别在 DJF、MAM、JJA 和 SON 季节初（即 12 月、3 月、6 月和 9 月）所做预报的 LISAAC 划分结果。图中可以看到，CFSv2 的预报相关系数呈现明显的季节性。在 DJF，北美洲、欧亚大陆有连续出现的 PP 类网格，而这类网格在 MAM 和 JJA 明显减少，相对的在南美洲、澳大利亚等地区，MAM 和 JJA 时期 PP 类网格比 DJF 分布范围更大。而在 SON，PP 类网格主要集中在澳大利亚、亚洲中部和北部，在北美洲和欧洲分布较少。

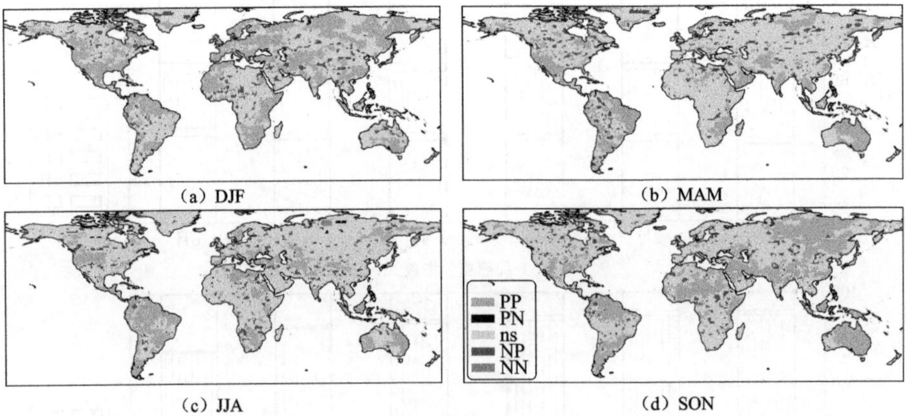

(a) DJF (b) MAM (c) JJA (d) SON

图 3－6 CFSv2 模型季节降水预报-观测相关系数 LISAAC 分类网格空间分布

对于 PN 和 NP 两类异常网格，整体上分布零散。值得注意的是，NP 类网格分布比 PN 类网格更广泛，这一类网格表示负的相关系数被正的相关系数所包围，反映了预报效果可能的提升空间。NN 类别的网格分布较少，主要在 JJA 的亚洲北部出现，这个结果反映了 CFSv2 季节降水预报整体上较好的效果。同时，

MAM、JJA 和 SON 3 个季节中分类为 ns 的网格的分布范围明显比 DJF 的更大，PP 类网格主要出现在受到 ENSO 等气象因子影响较强的区域，例如澳大利亚东部、美洲中部等区域（Chen et al.，2017；Yan et al.，2018）。

对于中国区域，PP 类别的网格主要出现在 MAM、SON 和 DJF 的华南与江南地区出现。我国南方地区冬季降水受到明显的东亚冬季风影响，准确的冬季降水预报对于提前防范冰冻雨雪等灾害性天气具有重要意义（Wang et al.，2000）。DJF 期间，在我国南方地区所表现出来的 PP 网格表明了 CFSv2 冬季降水预报的有效性。相比而言，对于汛期（即 JJA），CFSv2 对我国大部分地区的预报效果非常有限。从图 3－6 可以看到，JJA 期间我国大部分地区为 NP 和 ns 类型的网格。

进一步对比 4 个季节降水预报随时间滚动的预报相关系数变化。图 3－7 对比了 DJF、MAM、JJA 和 SON 通过 LISAAC 得到的 5 类情形的网格占比随预见期的变化。从图中可以明显观察到，PP 类网格和 ns 类网格呈现相反的趋势。随着预见期的缩短，PP 类网格的占比呈现上升的趋势，尤其是提前 1 个月所做预报相比季节初所作预报，PP 占比几乎增加了一倍。相反的，ns 类网格整体的占比呈下降的趋势，且季节初的预报相比提前 1 个月所做的预报占比明显降低。这反映了 CFSv2 模型预报效果的改进，同时也指出预报初始状态对预报效果的贡献。

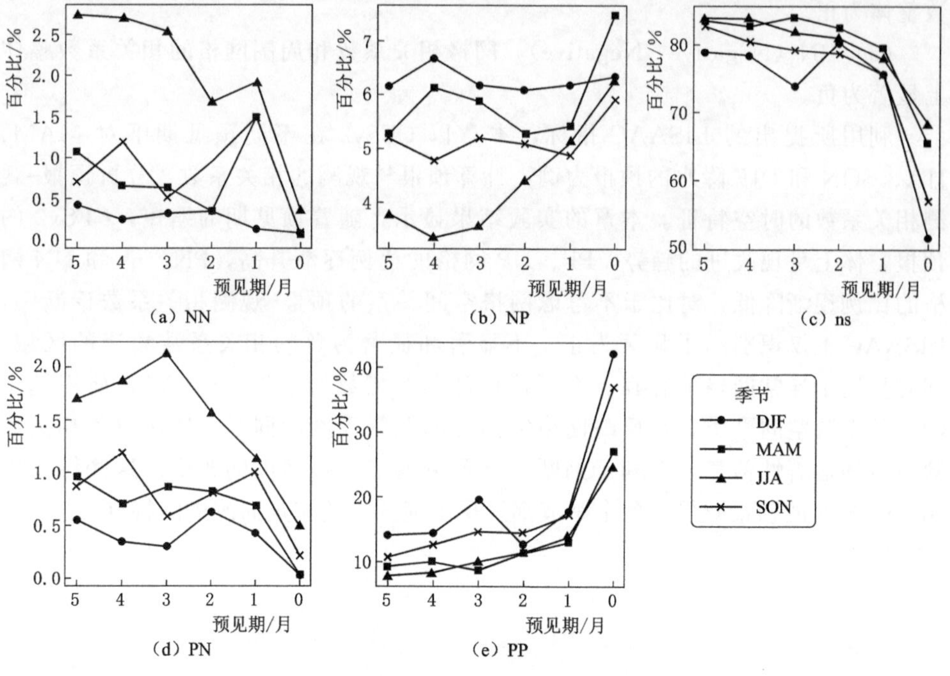

图 3－7　CFSv2 预报降水-观测相关系数 LISAAC 网格分类占比随预见期变化

3.5 本章小结

受天气气候过程复杂性的影响，全球降水预报的精度存在相当的时空变异性。在不同季节、地点和预见期下，全球降水预报效果各不相同。本章面向预报-观测降水相关系数的空间关联关系进行分析，提出了改进的空间关联局部指标 LISAAC。该指标建立在局部莫兰指数的基础上，考虑了相关系数本身的标准化性质，同时结合相关系数的空间信息，实现相关系数的空间聚类，结果便于对不同预见期的降水预报效果进行横向对比。从空间统计的角度，一个网格的相关系数和其相邻的网格可能存在不同的关联关系。本章开发的 LISAAC 空间统计方法，辨别出以下 5 种情形：

(1) PP (Positive - Positive)，网格的相关系数和邻近网格相关系数整体上显著为正。

(2) PN (Positive - Negative)，网格的相关系数为正，但邻近网格的相关系数整体为负。

(3) ns (non - significant)，网格的相关系数和邻近网格整体上不显著。

(4) NP (Negative - Positive)，网格相关系数为负，但邻近网格的相关系数整体为正。

(5) NN (Negative - Negative)，网格相关系数和周围网格的相关系数整体上显著为负。

利用所提出的 LISAAC 指标，本章以 CFSv2 在不同预见期下对 MAM、JJA、SON 和 DJF 降水的预报为例，计算预报与观测的相关系数，分析预报-观测相关系数的时空特征。本章的实验结果显示，随着预见期的缩短，CFSv2 的预报整体上呈现改进的趋势，PP、NP 网格的比例逐渐升高，PN、ns 和 NN 网格的比例逐渐降低。对比于不考虑网格空间关系的预报-观测相关系数诊断图，LISAAC 不仅识别出了显著为正、不显著和显著为负的相关系数集聚的区域，同时指出了异常网格的存在。而对比局部莫兰指数的结果，LISAAC 所识别出的相关系数空间聚类，在反映网格空间上的关联程度的同时，还保留了相关系数本身的显著性信息，有利于判断不同预见期下预报精度的改变。这些结果表明，CFSv2 的预报效果在各个季节都呈现出随预见期缩短而改进的特点。

第4章　遥相关强度与预报-观测相关系数的对应关系

4.1　引言

厄尔尼诺-南方涛动（ENSO）是热带太平洋地区的大尺度海气相互作用的产物，是季节到年际气候变化中最强的信号之一（Glantz et al.，1991；Trenberth，1997；任福民 等，2012）。鉴于ENSO的重要性，一些研究借助历史观测资料或模型模拟，分析ENSO对区域或全球降水的影响规律和机制（李晓燕 等，2000；Davey et al.，2014；Emerton et al.，2017）。认识到ENSO现象对季节降水异常的驱动作用，不少研究面向季节降水预报对ENSO遥相关的模拟评价模型的预报效果（Kim et al.，2012；Manzanas et al.，2014）。前期研究指出，全降水预报效果往往和ENSO遥相关作用有关，区域气象变量的可预报性在ENSO事件发生时往往会更强（Doblas - Reyes et al.，2013）。然而，这些研究往往针对特定区域的ENSO遥相关作用进行分析。一方面，通过预报精度的空间诊断图，对比遥相关强度和预报精度的空间相似性；另一方面，对比ENSO对预报降水和对观测降水影响程度的一致性。

在全球尺度上对ENSO的遥相关强度和GCM季节降水预报能力的关系还需要进一步的研究。以预报-观测相关系数为例，针对ENSO遥相关和相关系数的空间对应关系，本章构建识别和量化对应关系的分析流程，以分析CFSv2季节降水预报在不同季节和区域与ENSO遥相关的对应关系，评估ENSO遥相关强度对季节降水预报效果的影响。旨在回答3个问题：①在全球尺度上，ENSO遥相关和预报-观测相关系数是否存在对应关系？②如果存在对应关系，这种对应关系是否存在季节性？③全球哪些区域存在较强的对应关系，哪些地区没有？本章以CFSv2模型分别对DJF、MAM、JJA和SON的降水预报为例，利用相关系数和偏相关系数的方法，反映预报和观测降水的关系，分析预报精度和

ENSO 遥相关关系的空间对应关系。

4.2 与 ENSO 遥相关对应关系分析思路

4.2.1 相关系数的计算与分类

遥相关作用的强度一般采用气象变量和气象因子之间的相关系数来表示（Cai et al.，2009；Cai et al.，2011）。对于网格 i，ENSO 遥相关强度可以通过观测降水序列和 Niño3.4 指数之间的相关系数来量化：

$$r(o,\text{Niño3.4})=\frac{\sum_k (o_k-\overline{o})(\text{Niño3.4}_k-\overline{\text{Niño3.4}})}{\sqrt{\sum_k (o_k-\overline{o})^2}\sqrt{\sum_k (\text{Niño3.4}_k-\overline{\text{Niño3.4}})^2}} \tag{4-1}$$

式中：o_k（Niño3.4_k）为第 k 年观测季节降水（Niño3.4 指数）；$\overline{o}$（$\overline{\text{Niño3.4}}$）为 o_k（Niño3.4_k）的多年均值。

r（o，Niño3.4）的值为［－1，1］，当两个变量完全单调相关时，r（o，Niño3.4）的值为 1 或－1。对于遥相关作用而言，正的 r（o，Niño3.4）表示厄尔尼诺事件（拉尼娜事件）下，观测降水偏高（偏低），负的 r（o，Niño3.4）则相反。

给定显著性水平 α，各网格根据其相关系数的显著性，可以分为显著正相关（significantly positive，P），不显著（non - significant，ns）以及显著负相关（significantly negative，N）3 种类别：

$$\begin{cases} r(x,y)>r_{1-\alpha/2}\Rightarrow \text{P} \\ r_{\alpha/2}\leqslant r(x,y)\leqslant r_{1-\alpha/2}\Rightarrow \text{ns} \\ r(x,y)<r_{\alpha/2}\Rightarrow \text{N} \end{cases} \tag{4-2}$$

因此，对于遥相关系数，可以划分为以下 3 种情况：

$$r(o,\text{Niño3.4})\Rightarrow\begin{cases} \text{P}_{\text{ENSO}} \\ \text{ns}_{\text{ENSO}} \\ \text{N}_{\text{ENSO}} \end{cases} \tag{4-3}$$

式中，以下标 ENSO 表示遥相关系数的分类结果。类似的，式（3－1）中的预报-观测相关系数 $r(o,f)$ 可以分为 3 类：

$$r(o,f)\Rightarrow\begin{cases} \text{P}_{AC} \\ \text{ns}_{AC} \\ \text{N}_{AC} \end{cases} \tag{4-4}$$

式中：下标 AC 为预报-观测相关系数（anomaly correlation）；P_{AC} 为预报和观

测显著正相关，即预报降水偏大（偏小）能够指示偏大（偏小）的观测降水；ns_{AC} 为预报和观测相关性不显著；N_{AC} 为预报和观测显著负相关，表明预报不能提供有效的信息，即预报数值偏大（偏小）时，观测偏小（偏大）。

4.2.2 不同类别百分比计算

对全球逐网格的 $r(o$，Niño3.4）和 $r(o, f)$ 进行显著性检验并分类的基础上，可以进一步统计各个分类网格占全球或区域网格的比例。对于遥相关关系，P_{ENSO} 和 N_{ENSO} 的网格占比表示为

$$\begin{cases} Pc(P_{ENSO})=\dfrac{n(P_{ENSO})}{n(P_{ENSO})+n(ns_{ENSO})+n(N_{ENSO})}\times 100\% \\ Pc(N_{ENSO})=\dfrac{n(N_{ENSO})}{n(P_{ENSO})+n(ns_{ENSO})+n(N_{ENSO})}\times 100\% \end{cases} \tag{4-5}$$

式中：$n(\cdot)$ 为某一类别网格的数量。对于特定的分析区域，$Pc(P_{ENSO})$ 和 $Pc(N_{ENSO})$ 为出现显著正或负的遥相关系数的陆地区域占比。

对于预报-观测相关系数，相关系数显著为正的网格的占比记为

$$Pc(P_{AC})=\frac{n(P_{AC})}{n(P_{AC})+n(ns_{AC})+n(N_{AC})}\times 100\% \tag{4-6}$$

式中：$Pc(P_{AC})$ 为分析区域预报效果较好的区域所占比例。而 $Pc(P_{AC})$ 与 $Pc(P_{ENSO})$ 和 $Pc(N_{ENSO})$ 的关系可以指示 ENSO 遥相关强度和预报-观测相关系数的对应关系。

ENSO 遥相关强度和预报相关系数的对应关系可以量化为

$$\begin{cases} Pr(P_{AC}\mid P_{ENSO})=\dfrac{n(P_{AC}\,\&\,P_{ENSO})}{n(P_{ENSO})} \\ Pr(P_{AC}\mid N_{ENSO})=\dfrac{n(P_{AC}\,\&\,N_{ENSO})}{n(N_{ENSO})} \end{cases} \tag{4-7}$$

式中：布尔运算符“&”为一个网格同时满足相关系数和遥相关的条件；$Pr(P_{AC}\mid P_{ENSO})$ 为给定遥相关系数显著为正条件下，预报-观测相关系数显著为正的概率；$Pr(P_{AC}\mid N_{ENSO})$ 为给定遥相关系数显著为负的条件。该概率值的范围为 0～1，用于表示预报精度和 ENSO 遥相关强度的对应关系。如果 ENSO 遥相关强度和相关系数是独立的，那么在给定不同 ENSO 遥相关关系类别的条件时，条件概率不会发生显著的改变。

4.2.3 偏相关系数分析

偏相关常被用于分析两个变量在控制第 3 个变量效应后的相关程度（Cai et al.，2011；Yang et al.，2014）。这里我们应用偏相关分析的方法研究 ENSO 遥

相关强度对预报-观测相关关系的贡献：

$$r(o,f\mid \text{Niño3.4})=\frac{[r(o,f)-r(f,\text{Niño3.4})r(o,\text{Niño3.4})]}{\sqrt{[1-r(f,\text{Niño3.4})^2][1-r(o,\text{Niño3.4})^2]}} \quad (4-8)$$

式中：$r(o,f\mid \text{Niño3.4})$ 为控制 ENSO 效应后的偏相关系数。通过显著性检验，进一步得到偏相关系数 $r(o,f\mid \text{Niño3.4})$ 的 3 种分类：

$$r(o,f\mid \text{Niño3.4})\Rightarrow\begin{cases}\mathrm{P}_{AC\mid \mathrm{ENSO}}\\ \mathrm{ns}_{AC\mid \mathrm{ENSO}}\\ \mathrm{N}_{AC\mid \mathrm{ENSO}}\end{cases} \quad (4-9)$$

式中：$Pc(\mathrm{P}_{AC\mid \mathrm{ENSO}})$ 为和 ENSO 无关而相关系数显著为正的网格的占比。相关系数显著为正而控制 ENSO 效应后相关系数不再显著的网格的占比，即 $Pc(\mathrm{P}_{AC})$ 和 $Pc(\mathrm{P}_{AC\mid \mathrm{ENSO}})$ 之差，量化了 ENSO 对预报-观测相关系数显著性的贡献程度。

4.3 对应关系数值实验设计

本章对 ENSO 遥相关对应关系的分析思路如图 4-1 所示。首先，以表征 ENSO 事件的 Niño3.4 指数和观测降水的相关系数表示 ENSO 遥相关关系强度，以预报-观测相关系数表示全球季节降水预报精度。通过相关系数显著性检验辨识 3 种情形的相关系数网格。其次，统计全球以及区域尺度不同情形网格的占比，并计算给定不同 ENSO 遥相关关系，预报-观测相关系数显著为正的概率。最后，通过控制 ENSO 效应，量化 ENSO 对预报-观测相关系数的贡献程度。

为了检验全球尺度上 ENSO 遥相关和预报-观测相关系数的对应关系及其季节性，本章以 CFSv2 分别在 12 月初、3 月初、6 月初和 9 月初所作的 DJF、MAM、JJA 和 SON 季节降水预报为例进行分析。在全球尺度上，逐网格计算 DJF、MAM、JJA 和 SON 的 ENSO 遥相关系数，以及预报-观测相关系数，并按照式（4-3）～式（4-7）统计分类网格的占比。计算全球尺度上，给定不同类型遥相关关系，预报相关系数显著为正的概率，同时检验概率显著性，评估全球尺度上对应关系是否存在。

为了辨识全球哪些区域存在较强的对应关系，将全球划分为 26 个子区域进行分析（Field et al.，2012）。所划分区域的编号及名称见表 4-1，区域范围如图 4-2（a）所示。同时，为了对比区域遥相关关系和预报效果的差异，利用块状自举法（Block Bootstrapping）进行网格重抽样，量化区域各类网格占比的不确定性。如本书第 3 章结果所示，相关系数的空间分布存在很强的空间关联性，而传统的重抽样方法无法考虑变量自身的空间关联特征。而块状自举法抽样以

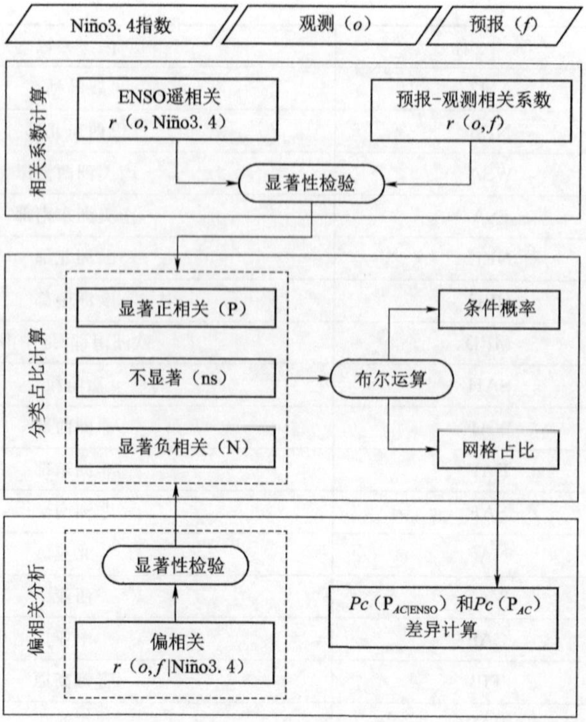

图 4-1　预报-观测相关系数与 ENSO 遥相关对应关系分析流程图

"块"为单位，在每次重抽样中，将空间上连续的"块"中的样本共同抽取，因此可以将样本的空间特性考虑在内。本章在抽样时，以某一网格为中心，同时抽取一定半径范围内的所有网格作为样本，重复抽取直到取得和区域网格总数相同数量的网格样本为止。对每次重新抽取的样本计算各类网格的占比，重复该步骤（本章中重复计算 1000 次），以估计网格占比的不确定性区间。本书选取的抽取半径为 5°，即每次抽取距离中心网格点 5°范围内的所有网格。

表 4-1　　26 个全球分区

序号	简　称	区　域
1	ALA	阿拉斯加/加拿大西北部
2	CGI	加拿大/格陵兰/冰岛
3	WNA	北美洲西部
4	CNA	北美洲中部
5	ENA	北美洲东部
6	CAM	美洲中部/墨西哥

续表

序号	简　称	区　域
7	AMZ	亚马孙
8	NEB	巴西东北部
9	WSA	南美洲西海岸
10	SSA	南美洲东南部
11	NEU	欧洲北部
12	CEU	欧洲中部
13	MED	欧洲南部/地中海
14	SAH	撒哈拉
15	WAF	非洲西部
16	EAF	非洲东部
17	SAF	非洲南部
18	NAS	北亚
19	WAS	西亚
20	CAS	中亚
21	TIB	青藏高原
22	EAS	东亚
23	SAS	南亚
24	SEA	东南亚
25	NAU	澳大利亚北部
26	SAU	澳大利亚南部/新西兰

4.4 对应关系实验结果

4.4.1 全球尺度结果分析

遥相关系数在各个季节的空间分布如图 4－2 所示。从图中可以看到多个受ENSO 明显影响的区域。例如，DJF 美国南部到墨西哥北部区域、南美洲东南部、非洲东部、我国华南地区等地出现正的遥相关关系；而在南美洲北部、非洲南部、东南亚以及澳大利亚西部有较大面积的区域出现负的遥相关系数。在MAM，受 ENSO 影响较强的区域相较于 DJF 而言有所减少，主要分布在北美洲西部，巴西东北部，亚洲中部及南部等地区。在 JJA，受到 ENSO 影响的区域整体偏南，主要分布在南美洲东南部、东南亚和澳大利亚东部等区域。而在

SON，亚洲中部、非洲东部以及南美洲东南部有较强的正遥相关系数，而在澳大利亚和东南亚的大部分地区可以观察到较强的负 ENSO 遥相关系数。

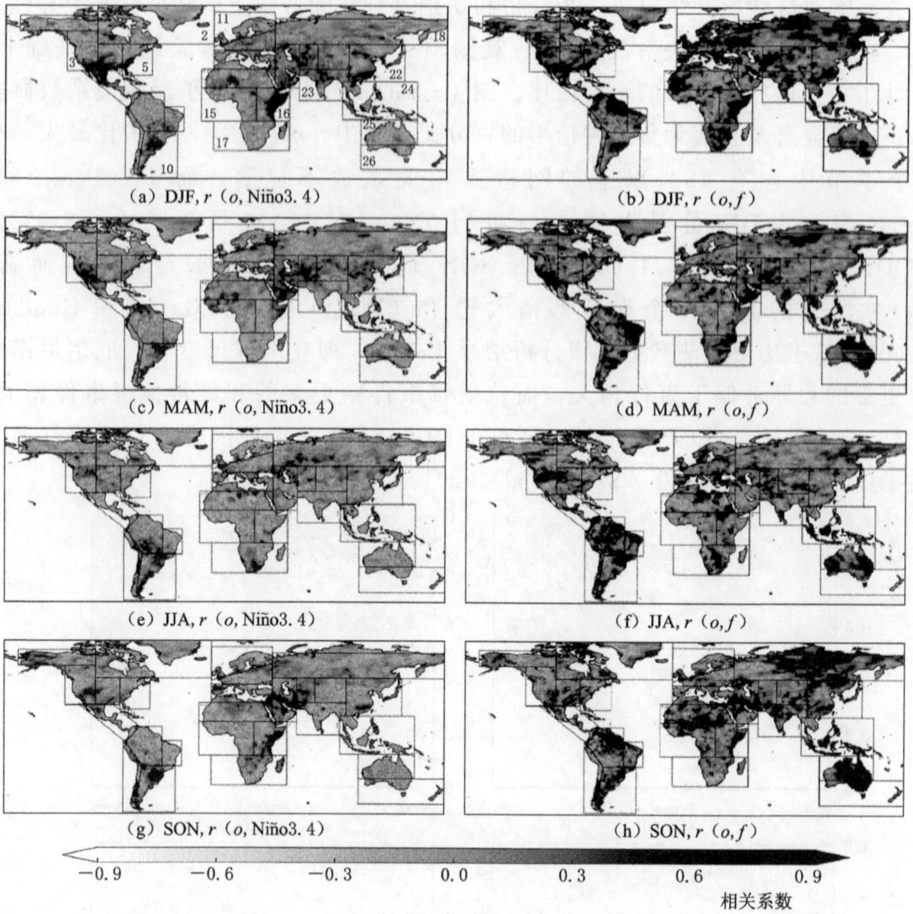

图 4-2 遥相关系数（左）和 CFSv2 降水预报-观测相关系数（右）空间分布，图中相关系数显著区域用加号填充（显著性水平 $\alpha=0.10$），黑色实线框选出本章节分析的 26 个全球分区，(a) 中编号同表 4-1 的各分区序号

图 4-2 右侧显示的是 CFSv2 分别对 DJF、MAM、JJA 和 SON 所做降水预报和观测的相关系数分布。可以看到，CFSv2 预报整体效果较好，大部分区域的相关系数为正。另外一个显著的特点是，CFSv2 预报效果的空间分布和 ENSO 遥相关系数显著的区域的分布存在一定的相似性，尤其是在 DJF 的北美洲西部、中部、东部，美洲中部/墨西哥，亚马孙地区。在 SON，也可以看到连续大面积的区域出现显著为负的遥相关系数，同时其和 CFSv2 的显著为正的预报相关系数相对应。两者的空间分布也存在一些明显的差别。例如，在 DJF 和

MAM 的澳大利亚、新西兰地区出现较强的 ENSO 遥相关系数，然而这些遥相关作用的分布和预报-观测相关系数并不对应。为了更好地辨识预报精度和遥相关关系的对应情况，需要进一步分析和识别这种空间分布上的相似性和差异性。

在全球网格遥相关系数和预报-观测相关系数的显著性检验结果的基础上，统计了各类遥相关系数的全球占比。图 4－3 的 x 轴分别展示了遥相关系数显著为正、不显著及显著为负 3 种情形的百分比。其中，ns_{ENSO} 类网格占比最大，在 4 个季节中均有 75% 以上的网格遥相关系数不显著。而 $Pc(P_{ENSO})$ 和 $Pc(N_{ENSO})$ 在 DJF 分别是 10.08% 和 11.73%，在 MAM 是 7.32% 和 8.83%，在 JJA 是 5.00% 和 11.64%，在 SON 是 7.13% 和 11.41%。整体而言，$Pc(N_{ENSO})$ 的值在 4 个季节都稍大于 $Pc(P_{ENSO})$，这与 Mason 和 Goddard (2001) 基于历史观测数据所得分析结果相一致，即在全球尺度上，厄尔尼诺事件更多的和异常偏干事件相关，而拉尼娜事件则更多的和异常偏湿事件相关。此外，$Pc(P_{ENSO})$ 和 $Pc(N_{ENSO})$ 之和在 DJF 最高，主要原因是 ENSO 事件通常在 DJF 发展到成熟阶段（Yang et al.，2018）。

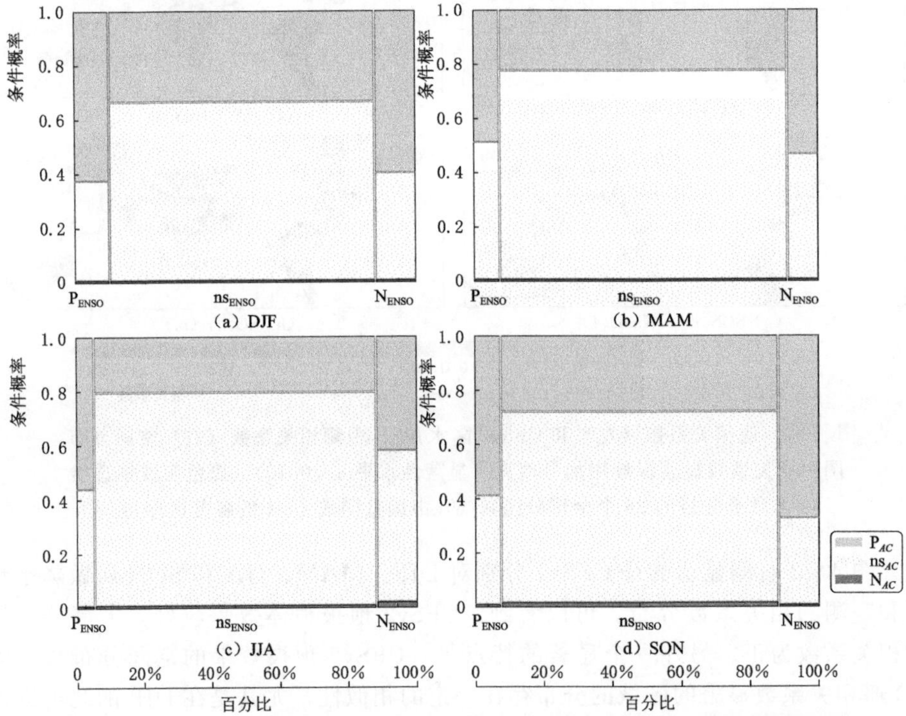

图 4－3 ENSO 遥相关系数 3 种网格全球占比以及在给定遥相关系数类别下不同类别的预报-观测相关系数出现的条件概率；图中矩形宽度表示遥相关系数 3 种类别的占比，矩形高度表示条件概率

同时计算了给定遥相关系数分类预报-观测相关系数显著性的条件概率。图4－3的 y 轴给出了预报-观测相关系数显著为正、不显著和显著为负 3 种情形在给定不同的遥相关系数条件时的发生概率。在 DJF，$Pr(\mathrm{P}_{AC}|\mathrm{P}_{ENSO})$ 和 $Pr(\mathrm{P}_{AC}|\mathrm{N}_{ENSO})$ 均高于 0.60，即对于存在显著正（负）遥相关系数的网格，CFSv2 的预报有 0.60 以上的概率和观测是显著正相关的。相对的，给定遥相关不显著的网格，其预报相关系数显著为正的概率，即 $Pr(\mathrm{P}_{AC}|\mathrm{ns}_{ENSO})$，低于 0.35。如果预报相关系数和遥相关系数是互相独立的，则条件概率将不会出现明显的差异。而卡方检验结果显示，$Pr(\mathrm{P}_{AC}|\mathrm{P}_{ENSO})$ 和 $Pr(\mathrm{P}_{AC}|\mathrm{N}_{ENSO})$ 的数值和 $Pr(\mathrm{P}_{AC}|\mathrm{ns}_{ENSO})$ 在 DJF、MAM、JJA 和 SON 4 个季节都存在显著的差异。这个结果说明了 ENSO 遥相关关系在全球尺度上和预报能力存在对应关系。

4.4.2 全球 26 个主要区域分析

为了进一步辨识全球哪些区域存在较强的对应关系，将全球划分为 26 个主要区域进行分析。图 4－4 对比了各个区域预报精度较高的区域占比 $Pc(\mathrm{P}_{AC})$ 和区域内有显著遥相关作用的网格占比，即 $Pc(\mathrm{N}_{ENSO})$ 和 $Pc(\mathrm{P}_{ENSO})$。其中第一行子图［图 4－4 (a)～(d)］、第二行子图［图 4－4 (e)～(h)］和第三行子图［图 4－4 (i)～(l)］分别表示 $Pc(\mathrm{P}_{AC})$ 和 $Pc(\mathrm{P}_{ENSO})$、$Pc(\mathrm{N}_{ENSO})$ 以及 $Pc(\mathrm{P}_{ENSO})$ 与 $Pc(\mathrm{N}_{ENSO})$ 之和的关系。图中接近 1∶1 线的散点表示该区域的 $Pc(\mathrm{P}_{AC})$ 数值和 $Pc(\mathrm{N}_{ENSO})$ 和 $Pc(\mathrm{P}_{ENSO})$ 接近。同时，图中用阴影表示出小于 10%的范围（给定显著性水平 0.10，假定网格间互相独立，将会有 10%的网格显著），以强调百分比高于 10%的区域（Wilks，2016）。

图 4－4 的第一行展示的是 $Pc(\mathrm{P}_{AC})$ 和 $Pc(\mathrm{P}_{ENSO})$ 的对应关系。图 4－4 中可以看到，DJF 期间，在美洲中部/墨西哥（6）和非洲东部（16）出现了预报-观测相关系数和遥相关关系较好的对应关系。类似的对应关系也出现在 MAM 的西亚（19）和中亚（20）、JJA 的南美洲东南部（10）和 SON 的西亚（19）和南美洲东南部（10）。从图 4－4 的第二行可以看到，在东南亚地区（24），4 个季节的 $Pc(\mathrm{P}_{AC})$ 和 $Pc(\mathrm{N}_{ENSO})$ 都有较强的对应关系，这种对应关系和从图 4－2 的空间分布图中观察到的对应关系相一致，即在东南亚地区，4 个季节都呈现出较强的负遥相关关系，同时 CFSv2 也存在较好的预报效果。总体而言，所拟合直线的确定性系数显示，$Pc(\mathrm{P}_{AC})$ 和 $Pc(\mathrm{P}_{ENSO})$ 与 $Pc(\mathrm{N}_{ENSO})$ 之和的关系是最强的。这个结果表明，区域内预报能力同时受到正和负的遥相关关系的贡献，同时区域的遥相关关系越强，预报效果整体更好。

值得注意的是，一些区域落在了图 4－4 散点图的左上角区域。对于这些区域，ENSO 遥相关强度较低，但 CFSv2 依然具有较好的预报效果［$Pc(\mathrm{P}_{AC})$ 数

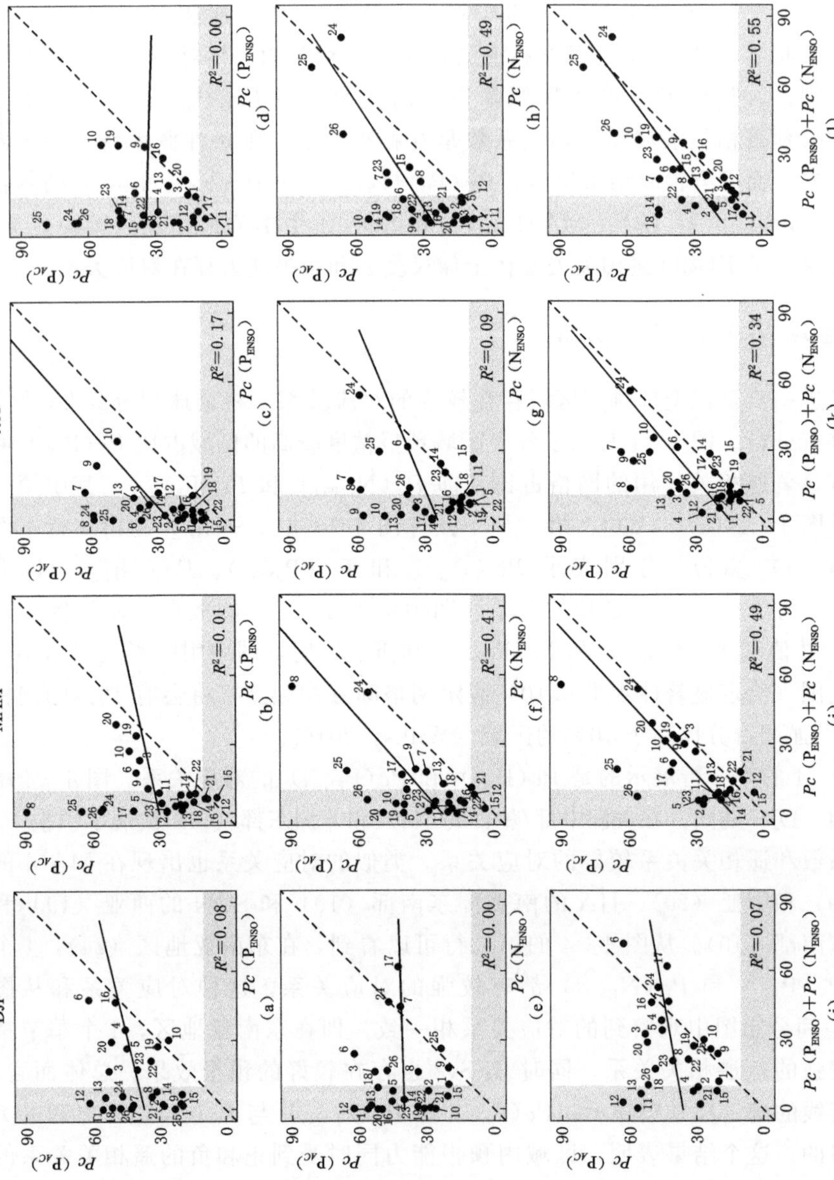

图 4-4 各区域内预报-观测显著正相关的网格比例和遥相关显著的网格比例对比，图中阴影区域表示小于10%的范围，灰色虚线表示 1∶1 线，黑实线为对散点线性拟合所得直线

值较高]。例如 DJF 的欧洲区域（点 11 和点 13），结合图 4-2（a）～(b）可以更加清楚地看到，预报在欧洲和地中海地区相当一部分区域表现较好。但整体上，图 4-4（i)～(l）大部分点据分布在 1∶1 线的附近，这说明就预报-观测相关系数而言，CFSv2 预报在表征全球降水的时空分布时，趋向于近似 ENSO 的遥相关关系。

在此基础上，进一步对比和识别哪些区域相关系数显著为正的网格比例接近于、远高于或远低于遥相关关系显著的网格比例。对于每个区域的网格，通过块状自举法的方法量化区域遥相关关系显著网格比例的不确定性区间。图 4-5 在图 4-4 的基础上，给出了每个区域具有显著遥相关关系网格的占比［即 $Pc(P_{ENSO})+Pc(N_{ENSO})$］的 50%和 80%的区间，即图中深色和浅色线条所表示的区间。从图 4-5 可以观察到，在 DJF，26 个区域中有 10 个区域的 $Pc(P_{AC})$ 接近 $Pc(P_{ENSO})+Pc(N_{ENSO})$（即图中没有阴影标注的区域），$Pc(P_{AC})$ 落于 $Pc(P_{ENSO})+Pc(N_{ENSO})$ 的 80%区间以内，对应于落在图 4-4 中 1∶1 线附近的地区。而在 MAM、JJA 和 SON，分别有 10 个、9 个和 11 个区域遥相关关系和预报相关系数显著的比例接近。同时，在 DJF、MAM、JJA 和 SON 分别有 15 个、15 个、16 个和 14 个区域存在远高于 $Pc(P_{ENSO})+Pc(N_{ENSO})$ 的 $Pc(P_{AC})$，这部分区域在图中用浅灰色阴影标注。此外，DJF 的非洲南部（17）、MAM 的青藏高原（21）、JJA 的非洲西部（15）和 SON 的东南亚（24），遥相关作用分布范围要远高于表现出一定预报精度的区域面积，这些区域以深色阴影进行标注。

4.4.3 ENSO 效应控制实验结果

通过控制 ENSO 的效应，进一步量化了 ESNO 对 CFSv2 预报能力的贡献程度。控制 ENSO 效应后的预报-观测偏相关系数如图 4-6 左列空间分布图所示。从图 4-6 中可以看到较多相关系数整体变化较大的区域。典型的区域包括北美洲西部、中部、东部（3、4 和 5），美洲中部/墨西哥（6），亚马孙（7），非洲南部（17）和东南亚（24）。在 DJF，CFSv2 在这些区域都呈现出较好的预报效果，可以观察到较大范围的显著为正的相关系数分布，而在控制了 ENSO 的效应之后，这些区域的相关系数整体上不再显著。另外，控制了 ENSO 效应后，东南亚（24）内大部分网格的相关系数在 4 个季节都不再显著，和控制之前 CFSv2 呈现的较好预报效果形成明显的对比［图 4-2（b)，(d)，(f）和（h)］。这些结果从统计上说明了 CFSv2 预报和观测的相关系数和 ENSO 遥相关作用的对应关系。同时，在 DJF 和 SON 的欧洲和地中海地区（11、12 和 13）以及北亚（18），可以观察到大面积的网格存在显著的偏相关系数。类似的显著为正的

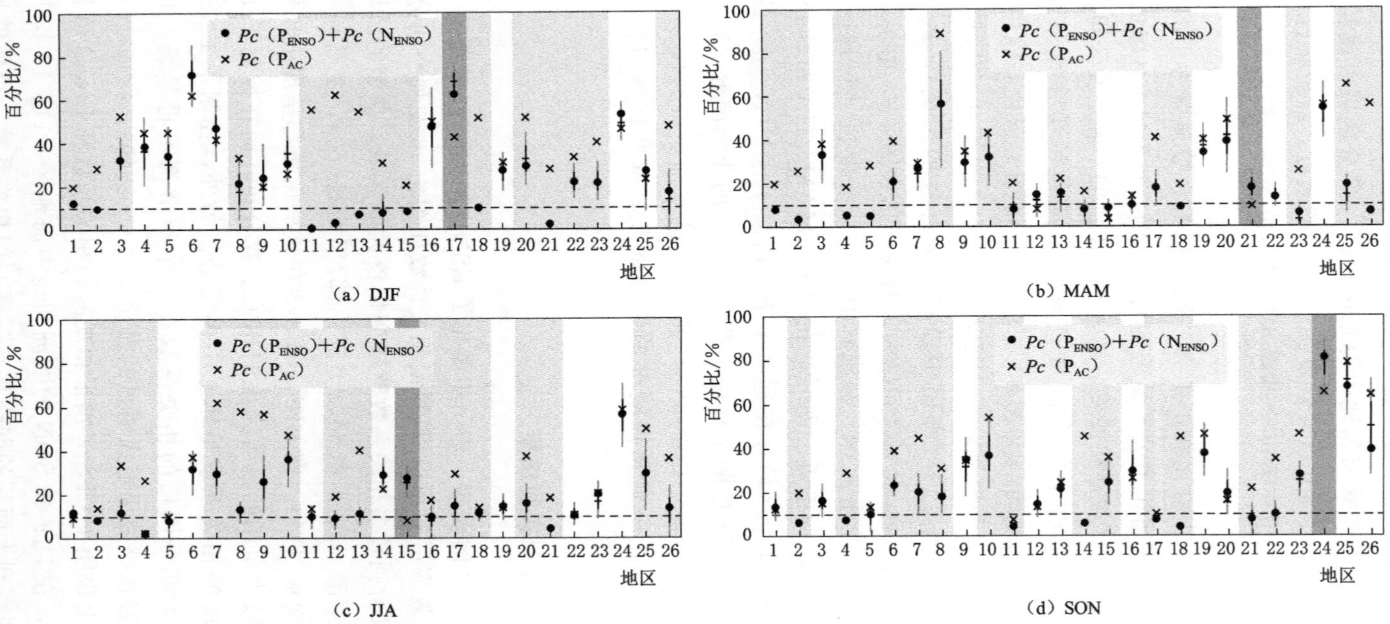

图 4-5　各区域的 $Pc(P_{AC})$ 和 $Pc(P_{ENSO})+Pc(N_{ENSO})$ 对比。$Pc(P_{ENSO})+Pc(N_{ENSO})$ 的不确定性区间通过块状自举法获得，浅色线条表示其 80%区间，深色表示 50%区间，$Pc(P_{AC})$ 落于 $Pc(P_{ENSO})+Pc(N_{ENSO})$ 的 80%区间以上的区域用浅灰色阴影标识，落于 80%区间以下的区域则用深灰色阴影标识，图中虚线表示 10%所在位置以做参考

偏相关系数也能在 MAM 的澳大利亚和新西兰（25 和 26）、JJA 的亚马孙和巴西东北部以及 SON 的撒哈拉及非洲西部（14 和 15）观察到。

图 4-6 右侧散点图进一步对比了控制 ENSO 效应之后，区域预报-观察相

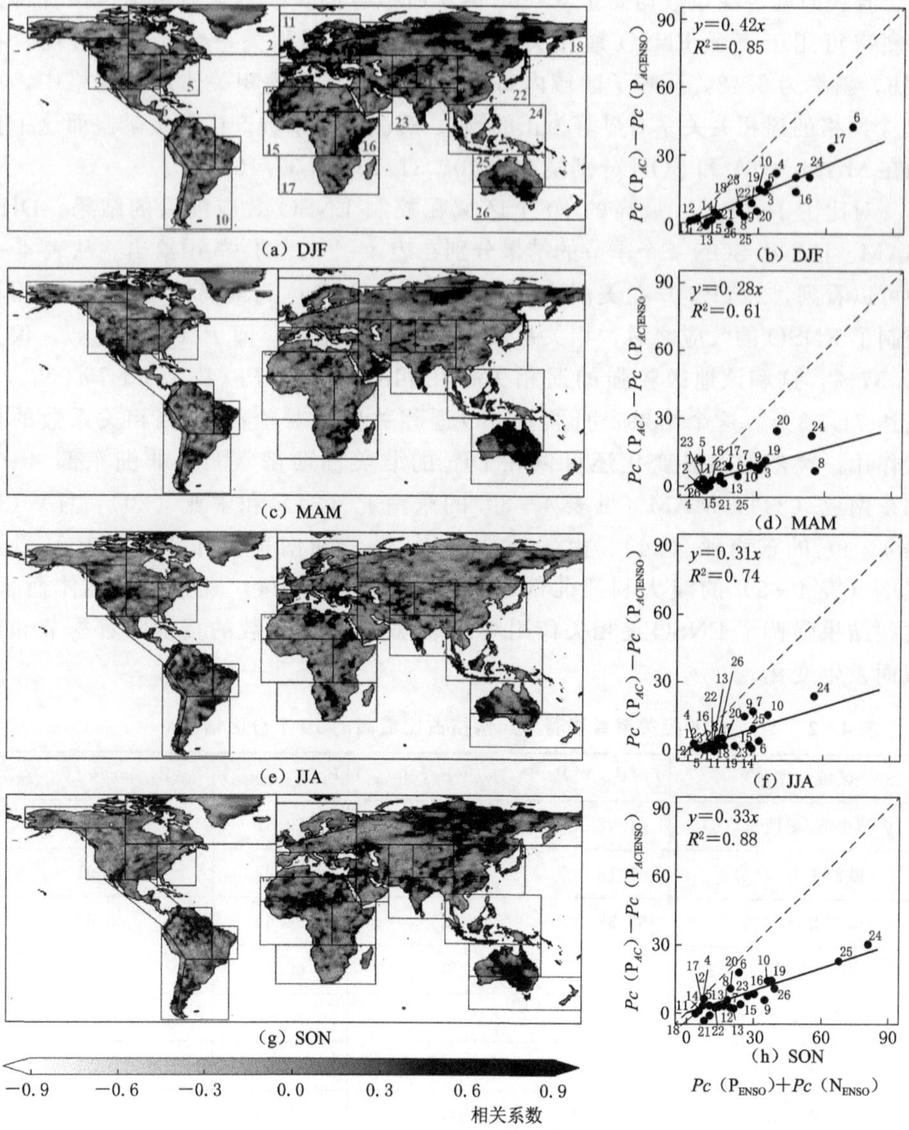

图 4-6　CFSv2 各季节降水预报-观测相关系数控制 ENSO 影响后空间分布，填充区域表示相关系数在 0.10 的显著性水平上显著（左）；控制 ENSO 效应前后显著为正相关系数占比变化和区域显著遥相关系数占比散点图（右）

关系数显著为正网格占比的变化。计算了控制 ENSO 效应前后的显著相关系数网格占比之差，即 $Pc(P_{AC})-Pc(P_{AC|ENSO})$，并将其和区域的 $Pc(P_{ENSO})+Pc(N_{ENSO})$ 进行对比。对区域散点进行线性拟合的结果显示，在 4 个季节中所拟合直线的确定性系数均高于 0.60。由于所拟合的直线不含截距项，拟合得到的斜率可用于表示 ENSO 遥相关作用对预报-观测相关系数的贡献程度。在 DJF，斜率为 0.42，反映了区域内每 100 个具有显著遥相关作用的网格中，有 42 个网格的遥相关关系对显著为正的预报-观测相关系数产生了贡献。而这个比例在 MAM、JJA 和 SON 分别是 28/100、31/100 和 33/100。

对比了 $Pc(P_{AC})$ 最高的 10 个区域在控制 ENSO 效应前后的结果。DJF、MAM、JJA 和 SON 4 个季节的结果分别在表 4-2～表 4-5 中给出。从表 4-2 中可以看到，$Pc(P_{AC})$ 在美洲中部/墨西哥（6）中达到最高的 61.92%，而在控制了 ENSO 的效应之后，相关系数显著为正的比例，即 $Pc(P_{AC|ENSO})$，仅为 19.57%，这和该地区较强的遥相关作用相一致，其 $Pc(P_{ENSO})+Pc(N_{ENSO})$ 高达 71.53%。这个结果表明了 ENSO 遥相关作用对预报-观测相关系数的贡献作用。类似的明显变化还可以在 DJF 的北美洲西部（3）、非洲东部（16）和东南亚（24），MAM（见表 4-3）的东南亚（24）和中亚（20），JJA（见表 4-4）的东南亚（24）、南美洲西海岸（9）和南美洲东南部（10）以及 SON（表 4-5）的澳大利亚北部（25）和东南亚（24）观察到。整体而言，这些结果强调了 ENSO 遥相关作用对预报-观测相关系数的贡献随着季节和区域而发生变化。

表 4-2　DJF 相关系数显著为正网格占比最高的 10 个分区情况

区域（序号）	$Pc(P_{AC})$	$Pc(P_{ENSO})+Pc(N_{ENSO})$	$Pc(P_{AC\mid ENSO})$	$Pc(P_{AC})-Pc(P_{AC\mid ENSO})$
美洲中部/墨西哥（6）	61.92	71.53	19.57	42.35
欧洲中部（12）	61.78	2.97	59.87	1.91
欧洲北部（11）	55.38	0.23	54.69	0.69
欧洲南部/地中海（13）	54.02	6.90	55.17	−1.15
北美洲西部（3）	52.44	32.90	38.60	13.84
中亚（20）	51.33	29.33	46.00	5.33
北亚（18）	50.94	10.43	46.04	4.90
非洲东部（16）	49.51	46.77	35.81	13.70
澳大利亚南部/新西兰（26）	47.41	17.24	47.84	−0.43
东南亚（24）	46.36	52.68	25.67	20.69

表 4-3　MAM 相关系数显著为正网格占比最高的 10 个分区情况

区域（序号）	$Pc(P_{AC})$	$Pc(P_{ENSO})+Pc(N_{ENSO})$	$Pc(P_{AC\mid ENSO})$	$Pc(P_{AC})-Pc(P_{AC\mid ENSO})$
巴西东北部（8）	89.18	55.84	82.68	6.49
澳大利亚北部（25）	64.55	19.22	71.08	−6.53
澳大利亚南部/新西兰（26）	55.60	6.90	57.33	−1.72
东南亚（24）	54.98	54.02	33.14	21.84
中亚（20）	48.67	38.67	24.33	24.33
南美洲东南部（10）	42.99	31.35	35.63	7.36
非洲南部（17）	40.69	17.70	31.93	8.76
西亚（19）	39.50	33.88	28.26	11.24
美洲中部/墨西哥（6）	39.50	21.35	34.88	4.63
北美洲西部（3）	38.11	32.90	28.34	9.77

表 4-4　JJA 相关系数显著为正网格占比最高的 10 个分区情况

区域（序号）	$Pc(P_{AC})$	$Pc(P_{ENSO})+Pc(N_{ENSO})$	$Pc(P_{AC\mid ENSO})$	$Pc(P_{AC})-Pc(P_{AC\mid ENSO})$
亚马孙（7）	62.16	29.30	44.95	17.21
东南亚（24）	58.24	55.94	34.67	23.56
巴西东北部（8）	58.01	13.42	52.81	5.19
南美洲西海岸（9）	56.81	25.35	42.25	14.55
澳大利亚北部（25）	49.56	29.28	40.04	9.52
南美洲东南部（10）	47.51	35.63	32.30	15.20
欧洲南部/地中海（13）	40.04	11.30	36.78	3.26
中亚（20）	37.33	16.00	35.33	2.00
美洲中部/墨西哥（6）	37.01	31.32	33.10	3.91
澳大利亚南部/新西兰（26）	36.21	13.79	30.60	5.60

表 4-5　SON 相关系数显著为正网格占比最高的 10 个分区情况

区域（序号）	$Pc(P_{AC})$	$Pc(P_{ENSO})+Pc(N_{ENSO})$	$Pc(P_{AC\mid ENSO})$	$Pc(P_{AC})-Pc(P_{AC\mid ENSO})$
澳大利亚北部（25）	78.66	67.90	55.91	22.75
东南亚（24）	65.52	81.03	35.44	30.08
澳大利亚南部/新西兰（26）	64.66	39.22	53.45	11.21
南美洲东南部（10）	53.92	36.34	39.67	14.25
亚洲西部（19）	46.12	37.52	31.74	14.38
亚洲南部（23）	46.08	27.88	38.48	7.60

续表

区域（序号）	$Pc(P_{AC})$	$Pc(P_{ENSO})+Pc(N_{ENSO})$	$Pc(P_{AC\|ENSO})$	$Pc(P_{AC})-Pc(P_{AC\|ENSO})$
撒哈拉（14）	45.30	5.90	44.10	1.20
亚洲北部（18）	45.12	4.02	45.08	0.04
亚马孙（7）	44.67	19.77	42.53	2.13
美洲中部/墨西哥（6）	38.79	23.49	21.00	17.79

表格中也显示出一些区域的预报-观测相关系数几乎不受ENSO遥相关作用的影响。例如，在DJF，$Pc(P_{AC})$ 在欧洲（11、12和13）高于50%，而在控制ENSO效应之后，$Pc(P_{AC|ENSO})$ 的数值依旧高于50%。类似的结果也出现在MAM的澳大利亚（25和26），JJA的巴西东北部（8）和澳大利亚北部（25）以及SON的澳大利亚南部（26）。对于这些区域，$Pc(P_{AC})$ 远高于 $Pc(P_{ENSO})+Pc(N_{ENSO})$。这些结果说明了较弱的区域ENSO遥相关强度对预报-观测相关系数的贡献有限。CFSv2在这些地区呈现出来的较好预报效果可能来源于对ENSO以外信号的预报（Becker et al.，2020；Chen et al.，2020；Minami et al.，2020；Molod et al.，2020；Zhao et al.，2020）。

4.4.4 不同预见期对比分析

通过上一小节的分析，发现对于季节初所做的预报，部分区域的预报-观测相关系数几乎不受ENSO遥相关作用的贡献。Peng等（2011）在对CFS模型不同预见期的可预报性分析中指出，季节初作出的气象变量预报，其可预报性同时依赖于初始的大气条件和海温等边界条件，而随着预见期增大，可预报性主要来自于边界条件。为了对比不同预见期下，ENSO遥相关作用和预报-观测相关系数对应关系的变化，本小节针对CFSv2提前1个月所做的季节降水预报进行分析。其中，ENSO遥相关作用保持为同期的Niño3.4指数和季节观测降水的相关系数，而预报采用提前1个月做出的预报，例如对于DJF季节降水预报，采用11月做出的预报。

从图4-7可以看到在同样给定不同遥相关作用占比的条件下，预报-观测相关系数显著为正的概率相比季节初所作预报（图4-3）有所降低。在DJF，$Pr(P_{AC}|P_{ENSO})$ 和 $Pr(P_{AC}|N_{ENSO})$ 降低到接近0.40。不过，卡方检验结果表明，$Pr(P_{AC}|P_{ENSO})$ 和 $Pr(P_{AC}|N_{ENSO})$ 的数值和 $Pr(P_{AC}|ns_{ENSO})$ 在DJF、MAM、JJA和SON 4个季节依然存在显著的差异。即CFSv2提前1个月所做出的预报和观测的相关系数在全球尺度上依然和ENSO遥相关作用存在对应关系。

图4-8给出了提前1个月预报条件下，全球26个区域 $Pc(P_{AC})$ 与

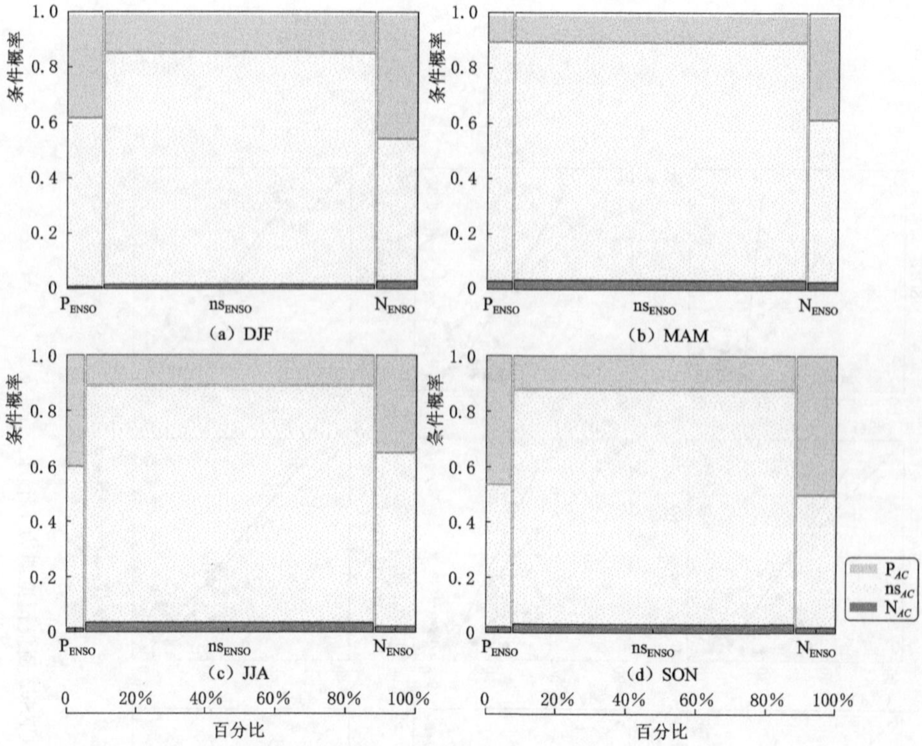

图 4-7　ENSO 遥相关系数 3 种情形的网格全球占比及预报-观测相关系数不同类别在给定遥相关系数情形下的条件概率，CFSv2 预报预见期为 1 个月

$Pc(N_{ENSO})$ 和 $Pc(P_{ENSO})$ 的对应关系。值得注意的是，在 1 个月预见期的情况下，$Pc(P_{AC})$ 与 $Pc(N_{ENSO})+Pc(P_{ENSO})$ 的关系相比季节初所做预报更强。图 4-8 (i)～(l) 中所拟合直线的确定性系数在 4 个季节均高于 0 个月预见期的情况。而通过图 4-9 可以更加清楚地看到，对于 1 个月预见期的预报，区域 $Pc(P_{AC})$ 和区域 $Pc(N_{ENSO})+Pc(P_{ENSO})$ 相当或者偏低的情况要多于季节初所作的预报。在 DJF，26 个区域中有 9 个区域 $Pc(P_{AC})$ 明显低于 $Pc(P_{ENSO})+Pc(N_{ENSO})$，其值落于显著遥相关作用占比的 80% 区间以外（图中深灰色阴影标注区域）。而在 MAM、JJA 和 SON，分别有 6 个、7 个和 7 个区域的 $Pc(P_{ENSO})+Pc(N_{ENSO})$ 要远高于 $Pc(P_{AC})$。

图 4-10 给出了控制 ENSO 效应后预报-观测的偏相关系数空间分布。相比季节初所做的预报，图 4-10 中大部分网格的相关系数不显著。从散点图可以看到，控制 ENSO 效应前后影响较大的区域是 DJF 的非洲南部（17）、美洲中部/墨西哥（6）、亚马孙（7）和北美洲中部（4），MAM 的东南亚（24）、巴西东北部（8）和中亚（20），JJA 的东南亚（24）以及 SON 的澳大利亚（25 和 26）和东南

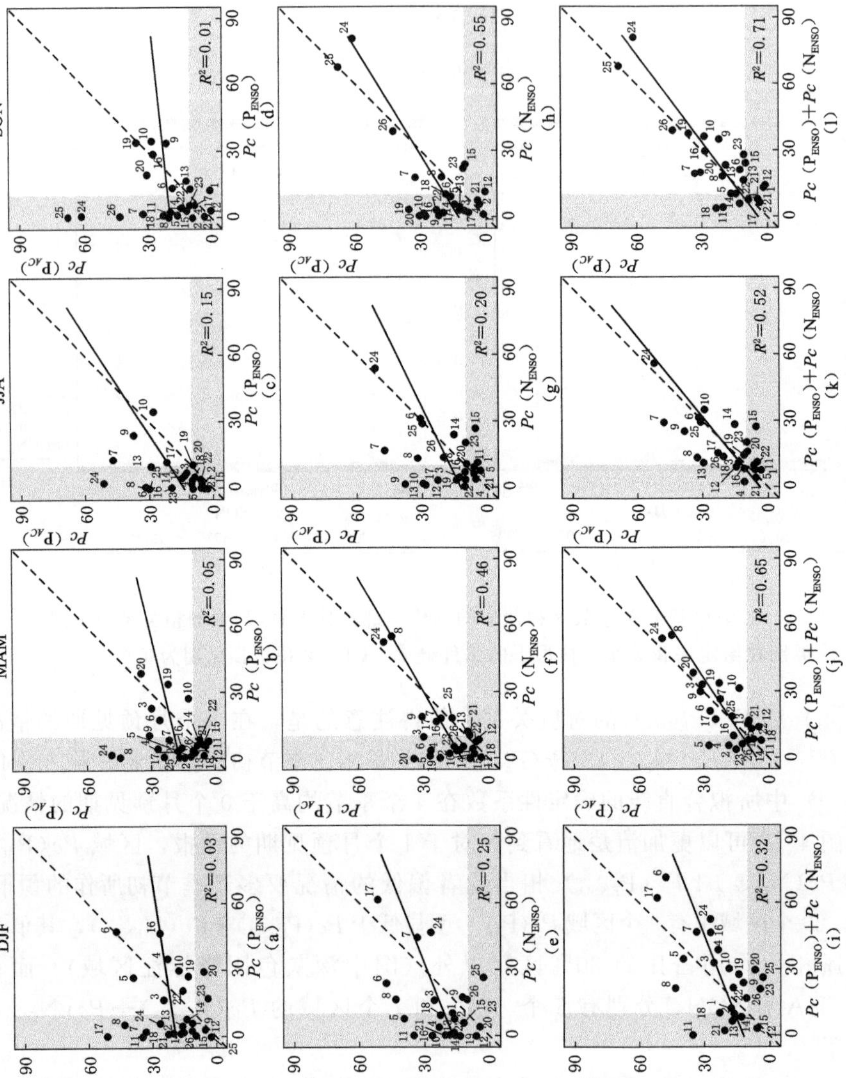

图 4－8 同图 4－4，CFSv2 预报预见期为 1 个月

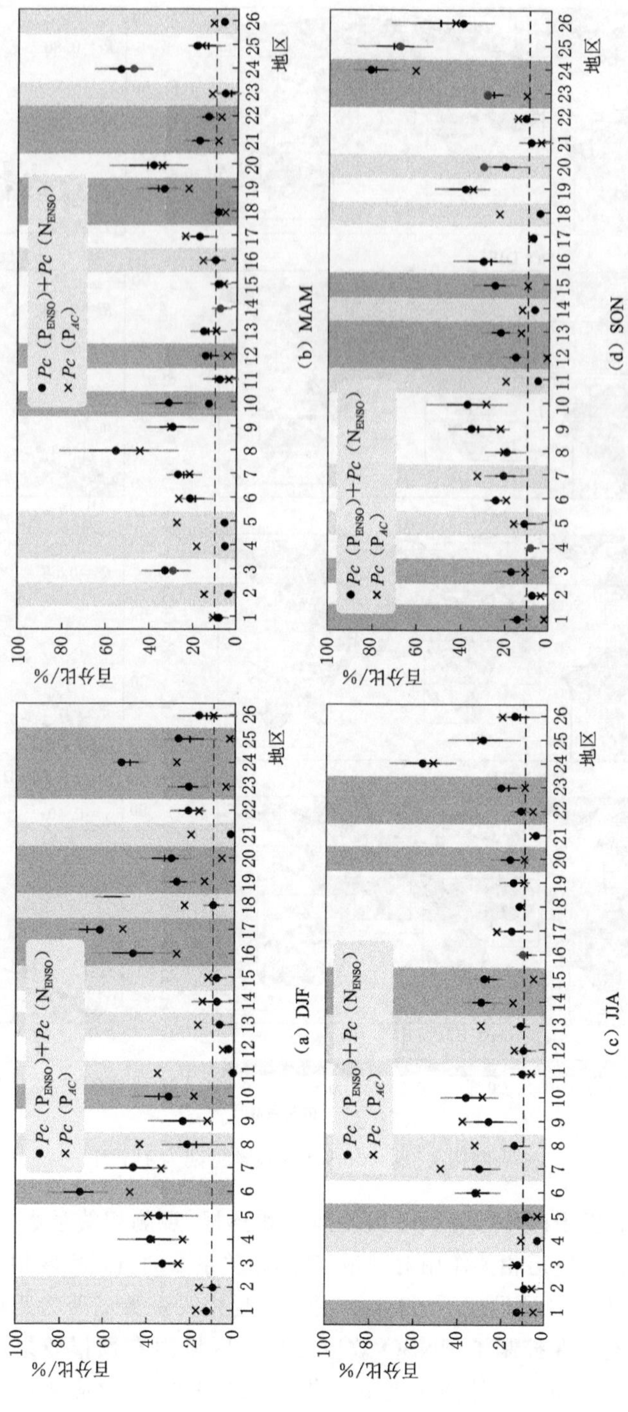

图 4－9 同图 4－5，CFSv2 预报预见期为 1 个月

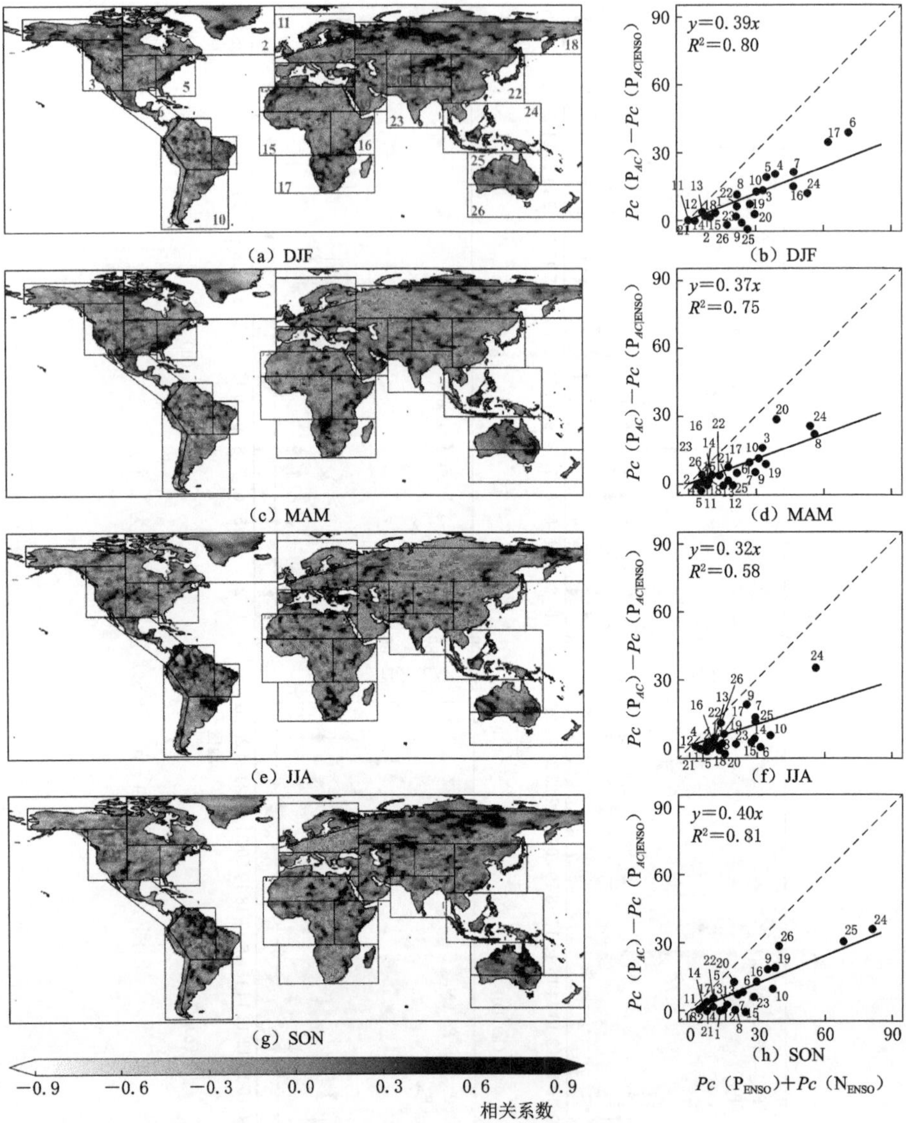

图 4-10 同图 4-6，CFSv2 预报预见期为 1 个月

亚（24）。通过对比两个预见期下遥相关强度和预报-观测相关系数的对应关系，可以看到整体上 ENSO 遥相关作用对预报-观测相关系数的贡献程度相当（图 4-6 和图 4-10），但 1 个月预见期下各区域预报-观测相关系数显著为正网格的占比少于 0 个月预见期，在控制了 ENSO 效应之后，区域内有预报效果的网格明显少于 0 个月预见期。而 0 个月预见期的预报在控制 ENSO 效应之后还有相当一

部分网格存在较好的预报效果。这也验证了 Peng 等（2011）指出的短预见期下的可预报性受到受初始状态相当程度的影响。

4.5 本章小结

本章聚焦于全球降水预报和厄尔尼诺-南方涛动（ENSO）遥相关强度的空间对应关系的识别。全球气象模型（GCM）在季节尺度上的预报能力主要来源于海表温度变化等大尺度低频信号，尤其是发生于热带中部到东部太平洋地区的 ENSO 现象。本章对 CFSv2 预报结果进行分析。首先以表征 ENSO 事件的 Niño3.4 指数和 GCM 季节降水预报各自与全球观测降水的相关系数表示遥相关关系的强度和预报效果，并根据相关系数的符号和显著性对其进行分类。即将系数分为显著为负、不显著和显著为正 3 种类型。然后，在此基础上，分别统计在全球和区域尺度上 3 种类型网格的占比，通过逐网格对比遥相关和预报效果的显著性，建立起两者的对应关系，并计算不同 ENSO 遥相关关系下，预报-观测显著相关网格出现的条件概率。最后，利用偏相关分析，统计控制 ENSO 效应前后显著正相关网格占比的变化，量化 ENSO 对预报效果的贡献。

以美国国家环境预报中心（NCEP）的第二代气候预报系统 CFSv2 所做预报为例，本章发现：

（1）预报-观测相关系数与 ENSO 遥相关的对应关系主要发生在 DJF（12 月—次年 2 月）的东南亚地区、北美洲南部、美洲中部和墨西哥地区；MAM（3—5 月）的东南亚地区、巴西东北部和中亚地区；JJA（6—8 月）的东南亚及南美洲西海岸及 SON（9—11 月）的东南亚和澳大利亚。

（2）ENSO 遥相关对一些区域的作用有限，但 CFSv2 在这些区域依然呈现较好的预报效果，这些区域主要包括：DJF 期间欧洲及地中海地区以及 MAM 期间的澳大利亚南部地区。

（3）一些区域存在较强的 ENSO 遥相关关系，但 CFSv2 预报表现并不理想。这些区域主要是：DJF 期间的非洲南部、MAM 期间的青藏高原、JJA 期间西非地区，以及 SON 期间的东南亚地区，这些地区遥相关关系显著的网格比例要明显高于预报-观测相关系数显著为正的比例。

（4）在 DJF，每出现 100 个具有显著遥相关关系的网格，预计有 42 个网格因模型对遥相关关系的预报出现显著的相关关系，这个比例在 MAM 为 28/100，JJA 为 31/100，SON 为 33/100。

（5）对比 1 个月预见期下各区域预报-观测相关系数显著为正网格的比例，ENSO 遥相关关系和 1 个月预见期的预报结果的对应关系更强，这个结果反映了0个月预见期下的预报效果还受到预报初始状态的影响。

对应结果揭示了遥相关空间模式和GCM预报能力之间的相似性和差异性。本文所提出的方法有助于识别全球季节降水预报能力的来源，为评估GCM预报发展水平提供诊断方法和依据。

第 5 章　ENSO 遥相关与季节降水预报信息重合度

5.1　引言

基于 ENSO 的统计预报和基于 GCM 的动力预报为流域水文预报提供了重要的输入降水信息。借助 ENSO 与降水之间的遥相关关系以预报未来降水的统计方法，原理明确、可操作性强，是中长期水文预报的重要工具和手段（吴旭树 等，2018）。同时，全球气象模型耦合了大气、陆地、海洋和海冰等成分，能够表征复杂的地球系统过程，其动力降水预报具有明确的物理机制（Kirtman et al.，2014；Saha et al.，2014）。随着 GCM 的不断发展，结合动力季节降水预报的水文模拟和预报得到越来越多的关注。一些研究和业务预报中心采用模型平均等方法融合统计和动力预报结果，以综合不同类型模型的优势（Pegion et al.，2013；Peng et al.，2014；Strazzo et al.，2019）；或以基于 ENSO 的统计降水预报为基准，评估动力降水预报的有效性（Jan van Oldenborgh et al.，2005；Yang et al.，2012；Lenssen et al.，2020）。

ENSO 等气象因子所指示的大气环流变化作为全球气候系统的组成成分，是动力季节降水预报的重要内容（Jan van Oldenborgh et al.，2005；Yang et al.，2012；Lenssen et al.，2020）。然而，目前还没有研究对全球季节降水预报信息和 ENSO 遥相关所提供的信息进行全面的对比和量化，区分哪些区域季节降水预报和 ENSO -降水遥相关作用存在明显的信息重叠，哪些区域 GCM 能够提供更多的信息，以及季节降水预报在哪些区域还有改进的空间。Zhao 等（2021）基于集合理论分析了 ENSO 遥相关作用对季节降水预报-观测相关系数的贡献。在该研究的基础上，本章提出使用面向确定性系数的集合运算方法（Set Operations of Coefficients of Determination，SOCD），进一步识别和量化降水预报和 ENSO 遥相关作用的重叠与差异信息，为季节降水预报的评估提供参考。

5.2 集合论角度的重叠与差异信息量化

确定性系数 R^2 可以有效地量化自变量通过回归模型对因变量方差的解释百分比（Koster et al.，2010）。在本章中，以观测季节降水为因变量，以预报季节降水和 Niño3.4 指数为自变量，通过构建线性回归模型，可以量化降水预报和 Niño3.4 指数所解释的观测降水的信息。

首先对观测降水和预报降水建立回归模型如下：

$$o_k = \alpha_1 + \beta_1 f_k + \varepsilon_{1,k} \Rightarrow R^2(o \sim f) = 1 - \frac{\sum_k \varepsilon_{1,k}^2}{\sum_k (o_k - \bar{o})^2} \tag{5-1}$$

式中：α_1 和 β_1 分别为线性回归模型的截距项和斜率。将模型未能解释的方差（用残差平方和 $\sum_k \varepsilon_{2,k}^2$ 表示）与观测的总方差［用 $\sum_k (o_k - \bar{o})^2$ 表示］进行对比，由此得到预报所解释的方差百分比 $R^2(o \sim f)$：

$$R^2(o \sim f) = 1 - \frac{\sum_k \varepsilon_{1,k}^2}{\sum_k (o_k - \bar{o})^2} \tag{5-2}$$

其次建立观测降水和 Niño3.4 指数回归模型如下：

$$o_k = \alpha_2 + \beta_2 \text{Niño3.4}_k + \varepsilon_{2,k} \tag{5-3}$$

式中：α_2、β_2 和 $\varepsilon_{2,k}$ 分别为线性回归的截距项、斜率以及残差。该回归模型量化的是由 Niño3.4 所解释的观测降水方差：

$$R^2(o - \text{Niño3.4}) = 1 - \frac{\sum_k \varepsilon_{2,k}^2}{\sum_k (o_k - o)^2} \tag{5-4}$$

最后，建立观测降水和预报及 Niño3.4 指数的回归模型如下：

$$o_k = \alpha_3 + \beta_{3,1} f_k + \beta_{3,2} \text{Niño3.4}_k + \varepsilon_{3,k} \tag{5-5}$$

式中：α_3、$\beta_{3,1}$、$\beta_{3,2}$ 和 $\varepsilon_{3,k}$ 分别为线性回归的截距项、斜率以及残差。该二元线性回归模型量化了预报降水和 Niño3.4 指数所解释的总观测降水方差：

$$R^2(o - f \cup \text{Niño3.4}) = 1 - \frac{\sum_k \varepsilon_{3,k}^2}{\sum_k (o_k - o)^2} \tag{5-6}$$

如图 5-1 所示，预报降水和 Niño3.4 指数中所包含的观测降水信息以及两者的并集可以分别表示为 $R^2(o \sim f)$、$R^2(o \sim \text{Niño3.4})$ 和 $R^2(o \sim f \cup \text{Niño3.4})$。更进一步的，可以量化出两者重叠和独立的信息：

（1）对于预报降水独立于 Niño3.4 所解释的观测降水信息可以通过集合相

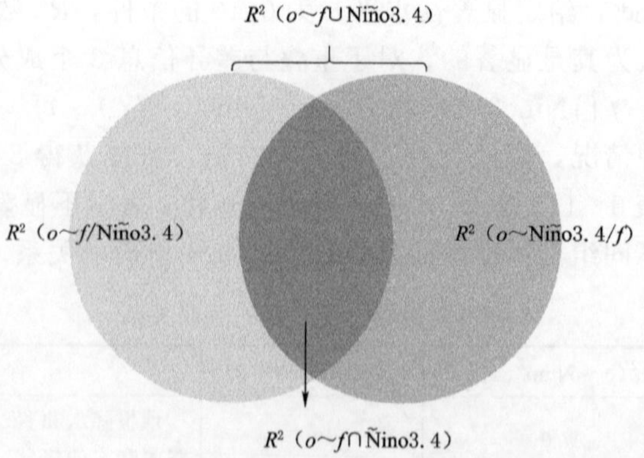

图 5-1　基于集合操作的重叠与差异信息量化示意图

异运算得到：

$$R^2(o\sim f/\text{Niño3.4})=R^2(o\sim f\cup\text{Niño3.4})-R^2(o\sim\text{Niño3.4}) \tag{5-7}$$

其中，$R^2(o\sim f/\text{Niño3.4})$ 量化了 GCM 预报中所包含的不同于 Niño3.4 指数的信息。

（2）对于预报降水和 Niño3.4 所解释观测降水信息的重叠部分，可以通过集合相同运算得到：

$$R^2(o\sim f\cap\text{Niño3.4})=R^2(o\sim f)+R^2(o\sim\text{Niño3.4})-R^2(o\sim f\cup\text{Niño3.4}) \tag{5-8}$$

（3）对于 Niño3.4 独立于预报降水所解释的信息，可以表示为

$$R^2(o\sim\text{Niño3.4}/f)=R^2(o\sim f\cup\text{Niño3.4})-R^2(o\sim f) \tag{5-9}$$

其中，$R^2(o\sim\text{Niño3.4}/f)$ 量化了 Niño3.4 指数提供的不同于预报的观测降水信息。

5.3　重叠与差异信息实验分析

对于所得到的预报降水和 Niño3.4 指数重叠与差异信息 3 个成分，可以分别检验其显著性。由于重叠与差异成分的 R^2 数值是通过式（5-7）～式（5-9）的运算而非直接通过线性回归得到的，无法采用标准的 F 检验对其进行显著性检验。因此，本章通过自举法对 3 个成分的显著性进行检验。首先对观测降水、预报降水和 Niño3.4 序列进行重抽样（本章进行 1000 次的重抽样），对于每次重抽样得到的样本，根据式（5-1）～式（5-9）重新计算重叠与差异信息，从而获得 3 个成分各自的经验参考分布。将原始样本所得的 R^2 数值和参考分布进行对比，计算其对应的 p 值。R^2 的数值越大，表示其解释的方差百分比越高，两个变量相关程度越强。在 o、f 和 Niño3.4 互相独立的原假设下，R^2 的数值

应该接近于0。因此，给定显著性水平 α 为0.10的条件，R^2 数值大于参考分布90%分位数时，认为其是显著的。对于重叠与差异信息3个成分，即 $R^2(o\sim f/\text{Niño3.4})$、$R^2(o\sim f\cap\text{Niño3.4})$ 和 $R^2(o\sim\text{Niño3.4}/f)$，每一项成分都可能有显著和不显著两种情况，因此，对于同一个网格，可能获得8种（即 2^3）不同情形的组合（见表5-1）。表5-1中，分别用0和1表示不显著和显著，同时在最后一列给出了不同组合所反映的预报和Niño3.4指数的关系。

表5-1　　8种不同的组合所代表的关联关系

$R^2(o\sim f\mid\text{Niño3.4})$	$R^2(o\sim\text{Niño3.4}\cap f)$	$R^2(o\sim\text{Niño3.4}\mid f)$	含　义
0	0	0	预报降水和Niño3.4指数均不能提供观测降水的信息
0	0	1	Niño3.4指数能够提供观测降水的信息，但预报无法提供相关信息
0	1	0	预报降水和Niño3.4重叠的信息能够提供观测降水的信息
0	1	1	Niño3.4指数能够提供观测降水的信息，且其信息和预报降水有一部分重叠
1	0	0	预报降水能够提供观测降水的信息，但是Niño3.4无法提供相关信息
1	0	1	预报降水和Niño3.4指数都能够提供观测降水的信息，且两者的信息没有重叠
1	1	0	预报降水能够提供观测降水的信息，且其信息和Niño3.4有一部分重叠
1	1	1	预报降水和Niño3.4都能够提供观测预报的信息，且两者存在重叠

注：1和0分别表示确定系数显著和不显著。

以CFSv2在季节初所作预报为例，本章对DJF、MAM、JJA和SON 4个季节全球网格观测降水中CFSv2预报和同期的Niño3.4指数的重叠与差异信息进行识别和分析。对比CFSv2预报和Niño3.4重叠与差异信息的时空变化，指出所识别的8种不同类别的信息在不同季节下的空间分布差异。此外，通过所得8种情形的网格，建立起预报-观测相关系数和ENSO遥相关的关联关系。

5.4 与ENSO的重叠与差异信息

5.4.1 重叠与差异信息的空间分布

基于线性回归模型，首先计算得到了CFSv2预报和Niño3.4指数两者所解释的观测降水方差。如图 5－2（a）所示，CFSv2 在 6 月初对 JJA 的降水预报所解释的观测降水方差，在美国西北部、南美洲、澳大利亚和东南亚等地区较大。而由 Niño3.4 指数所解释的方差［图 5－2（b)］在东南亚、澳大利亚东部和南美洲部分地区数值较高。对比图 5－2（a）和图 5－2（b)，可以看到两者在分布上的相似性。结合第 4 章的结果，ENSO 遥相关关系和预报精度存在一定的对应关系。当两者共同作为解释变量时，所能够提供的信息明显增加，使得图 5－2（c）中 R^2 整体数值更高。图 5－2（c）的结果显示，两者不仅可能存在很大程度上的信息重叠，同时也有很大一部分互相独立的信息存在。

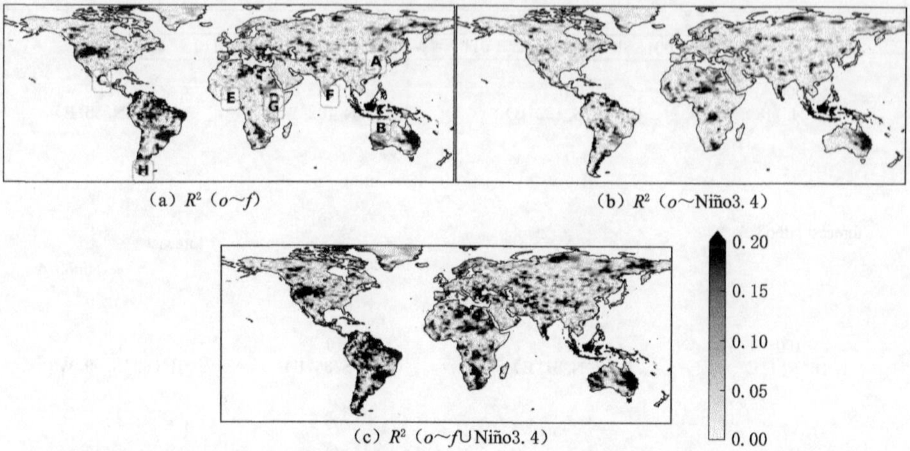

（a）R^2（$o \sim f$）（b）R^2（$o \sim$Niño3.4）（c）R^2（$o \sim f \cup$ Niño3.4）

图 5－2　JJA 确定性系数空间分布，f 为 CFSv2 在 6 月初所作 JJA 降水预报

通过集合运算以及显著性检验，进一步获得了 8 类描述 CFSv2 预报与 Niño3.4 指数重叠与差异信息的情形。8 类情形的空间分布如图 5－3 所示。图中具体分类及其含义见表 5－1，其中第 1 位数字表示 $R^2(o \sim f/\text{Niño3.4})$ 的显著性，第 2 位数字表示 $R^2(o \sim f \cap \text{Niño3.4})$ 的显著性，第 3 位数字是 $R^2(o \sim \text{Niño3.4}/f)$ 的显著性。如 000 表示 $R^2(o \sim f/\text{Niño3.4})$、$R^2(o \sim f \cap \text{Niño3.4})$ 和 $R^2(o \sim \text{Niño3.4}/f)$ 均不显著；001 表示 $R^2(o \sim f/\text{Niño3.4})$ 和 $R^2(o \sim f \cap \text{Niño3.4})$ 不显著，$R^2(o \sim \text{Niño3.4}/f)$ 显著。可以看到，000 类网格占据了大部分陆地面积，其对应的是预报-观测相关程度以及遥相关强度都很低的区域。图 5－3 同时选取了 8 种情形所对应的网格，利用韦恩图中圆的面积表示 R^2 数值的大小，以展示 8 种情形下预报和 Niño3.4 指数信息的重叠情况。8 类网格的位置以经纬度形式在图中给出，同时标注于图 5－2（a）中。从情形 000 对应网格的韦恩图可以清楚地看到，无论是预报还是 Niño3.4 指数都几乎没有提供观测降水的信息。

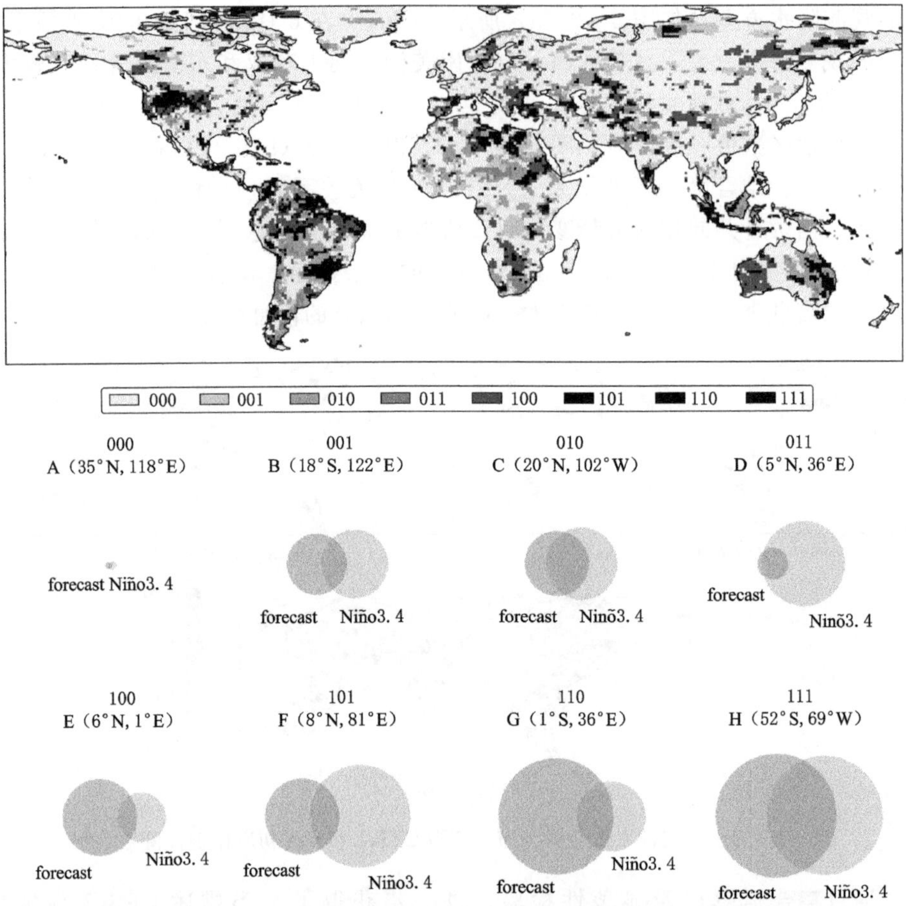

图 5-3 重叠与差异信息空间分布（上）及 8 类情形示例网格的重叠与差异信息韦恩图（下），其中网格 A-B 位置标注于图 5-2（a）中

5.4.2 重叠与差异信息特征分析

通过本章的方法，建立了预报-观测相关系数和遥相关作用之间的关联关系。图 5-4 中给出了 010 情形的关联关系。其中，图中左侧依次展示了预报-观测相关系数、010 情形网格以及 ENSO 遥相关作用的空间分布，且以 010 情形的网格为掩膜，其余地区不显示数据。这一类情形中，预报和 Niño3.4 指数所提供的信息几乎重叠。其在空间上分布不连续，以小块集聚网格的形式出现在各个大洲。图 5-4 右侧桑基图分别给出了预报-观测相关系数显著为正（significantly positive，P）、不显著（non-significant，ns）、显著为负（significantly negative，N）网格的占比（桑基图最左侧），8 类情形网格的占比（桑基图中

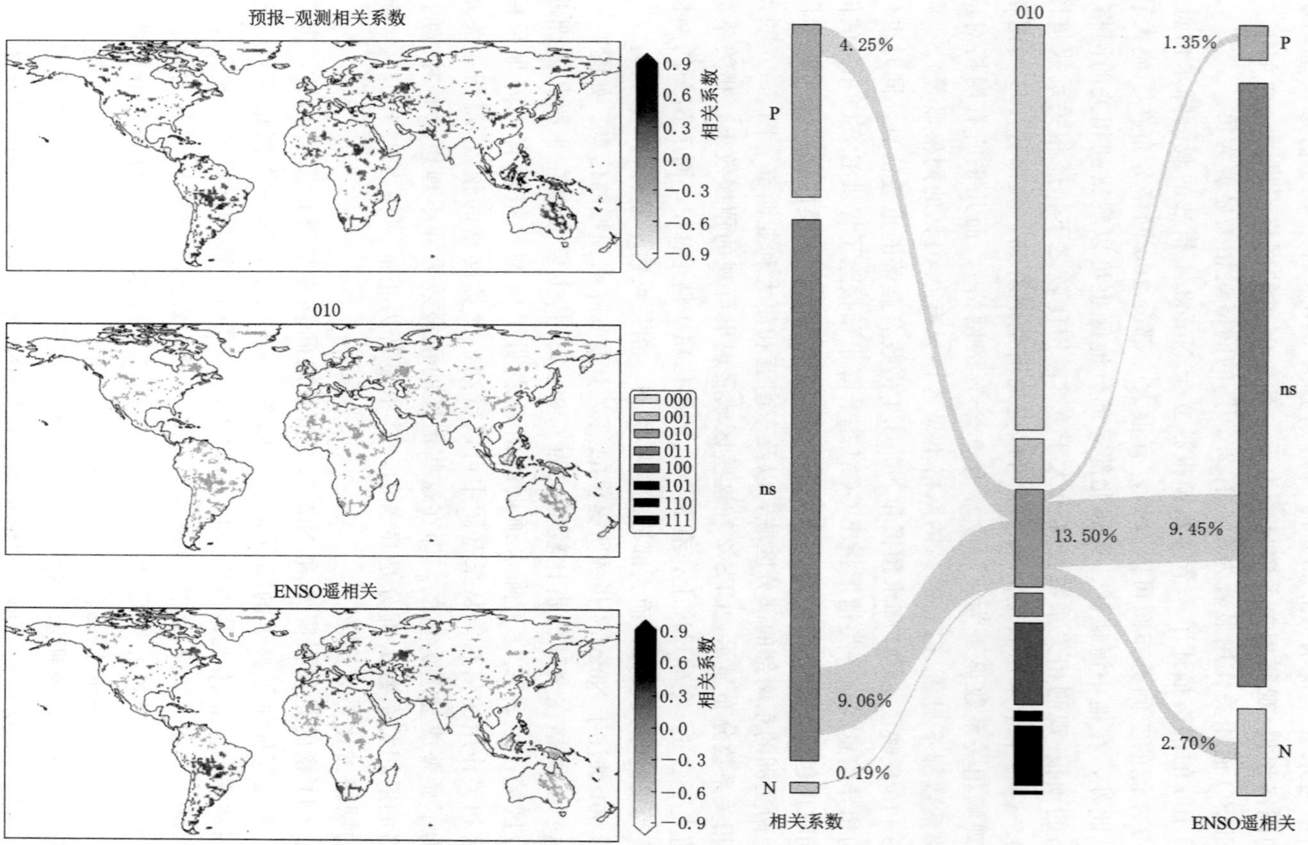

图 5-4　预报-观测相关系数（左上）及 ENSO 遥相关作用空间分布（左下）与表示两者通过 010 情形网格关联关系的桑基图（右），空间分布图以 010 情形为掩膜

部）以及遥相关作用系数显著为正（P）、不显著（ns）和显著为负（N）网格的占比。图中显示，全球有13.50%的网格划分为010。对于010情形，全球有4.25%的网格预报-观测相关系数显著为正，有9.06%的网格不显著，而1.35%的网格ENSO遥相关作用显著为正，有2.70%的网格遥相关显著为负。

情形100的网格描述了季节降水预报独立于Niño3.4指数的观测降水信息。从图5-5左侧的空间分布图可以看到，有很大一部分100网格分布在了澳大利亚西部，此外，在地中海地区、亚洲北部等部分地区也可以观察到相关的网格。这些网格的预报-观测相关系数整体上大于0.3，相比较之下，遥相关系数整体接近于0。这一个结果从右侧的桑基图可以更加清楚地看到，大部分100类网格的预报-观测相关系数显著为正（全球有9.25%的网格），而几乎所有网格对应的遥相关系数都不显著（11.31%的网格不显著，只有0.01%的网格显著）。

情形110反映了GCM降水预报和Niño3.4指数有显著的重叠信息，同时也包含显著的相异信息。这一类情形指出GCM季节降水预报除了提供ENSO相关的信息外，同时也包含了额外的信息。从图5-6可以看到，这一类的网格分布在美国西北部、南美洲的东南部的部分区域，以及东南亚和澳大利亚西部。图5-6的预报-观测相关系数分布显示，CFSv2在这些区域展现出可观的预报效果，相关系数整体数值大于0.6。全球尺度上，有8.20%的网格属于情形110，而7.87%的网格呈现显著为正的相关系数，而大部分的这些网格，相关系数不显著（5.07%）。

情形001关注于Niño3.4指数所提供的独立于季节降水预报的信息。如图5-7所示，这一类网格在全球的占比较低，为6.05%。其主要分布在非洲和亚洲北部的部分区域。这种独立于降水预报的信息表明了模型预报没有很好地反映ENSO遥相关作用的信息。从桑基图中可以看到，此类网格的预报-观测相关系数几乎为不显著或显著为负的，即在这些地区的预报效果并不理想。而对应的，这类网格的遥相关系数大部分是显著的，其中显著为正的网格占比1.07%，显著为负的网格占比是3.98%。

情形011指的是预报降水和Niño3.4指数之间存在显著的重叠信息，同时Niño3.4指数还提供了显著的相异信息。如图5-8所示，这一类网格主要分散在南美洲和非洲，整体上其占比较低（3.32%）。同时，这些网格的遥相关系数均为显著的，其中1.09%的网格表现为显著为正，2.23%的网格显著为负。结合情形001，这两类网格一起表明了CFSv2的季节降水预报没有完全解释部分地区Niño3.4指数所提供的信息。

情形101如图5-9所示，对于这一类情况，CFSv2预报和Niño3.4提供了显著的相异的信息。而这一类情形的网格总体占比较少，为1.30%。而情形111表示同时存在显著的相异和重叠信息，全球只有0.41%的网格属于该情形（见图5-10）。

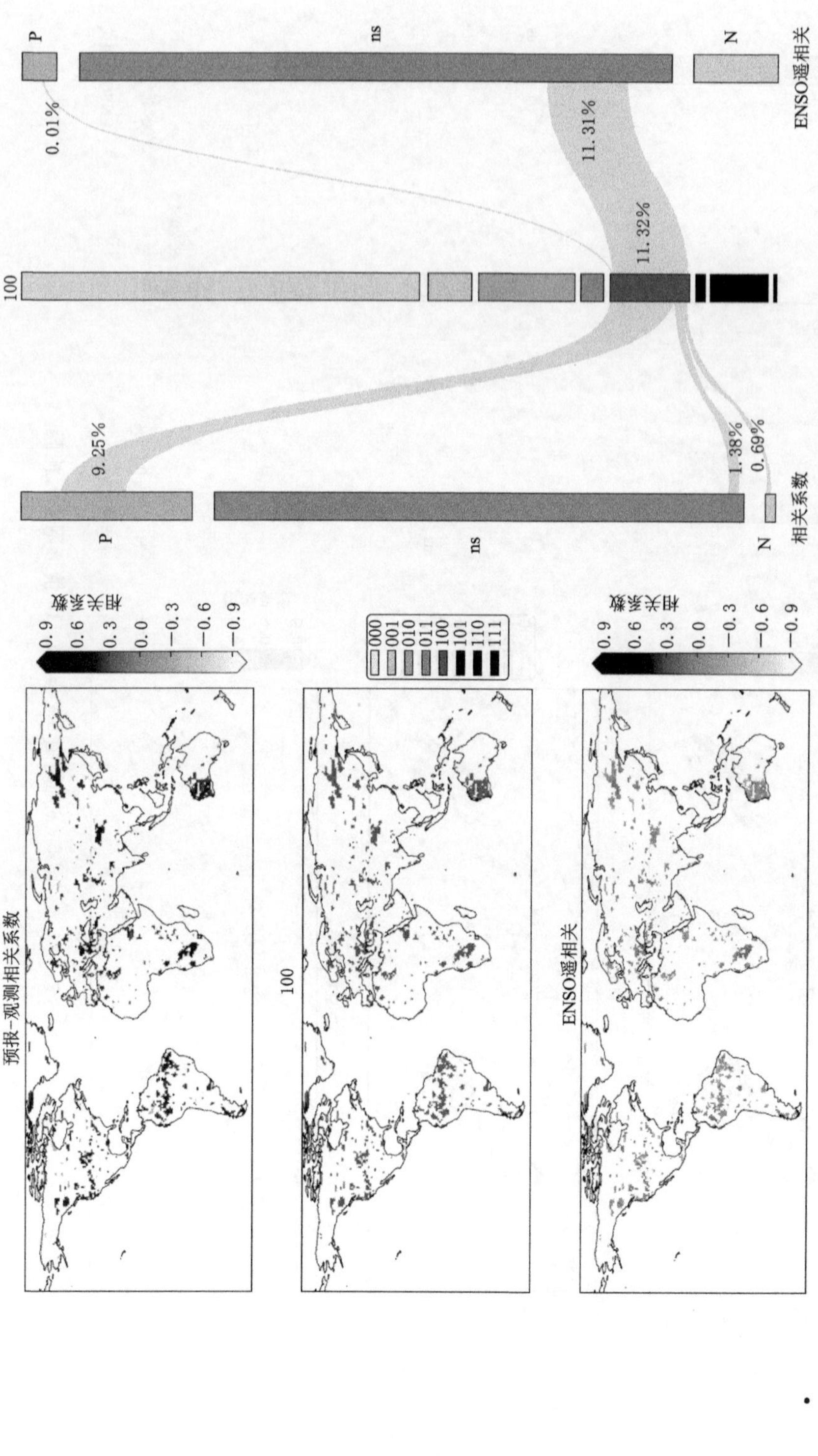

图 5－5　同图 5－4，以 100 情形网格为掩膜

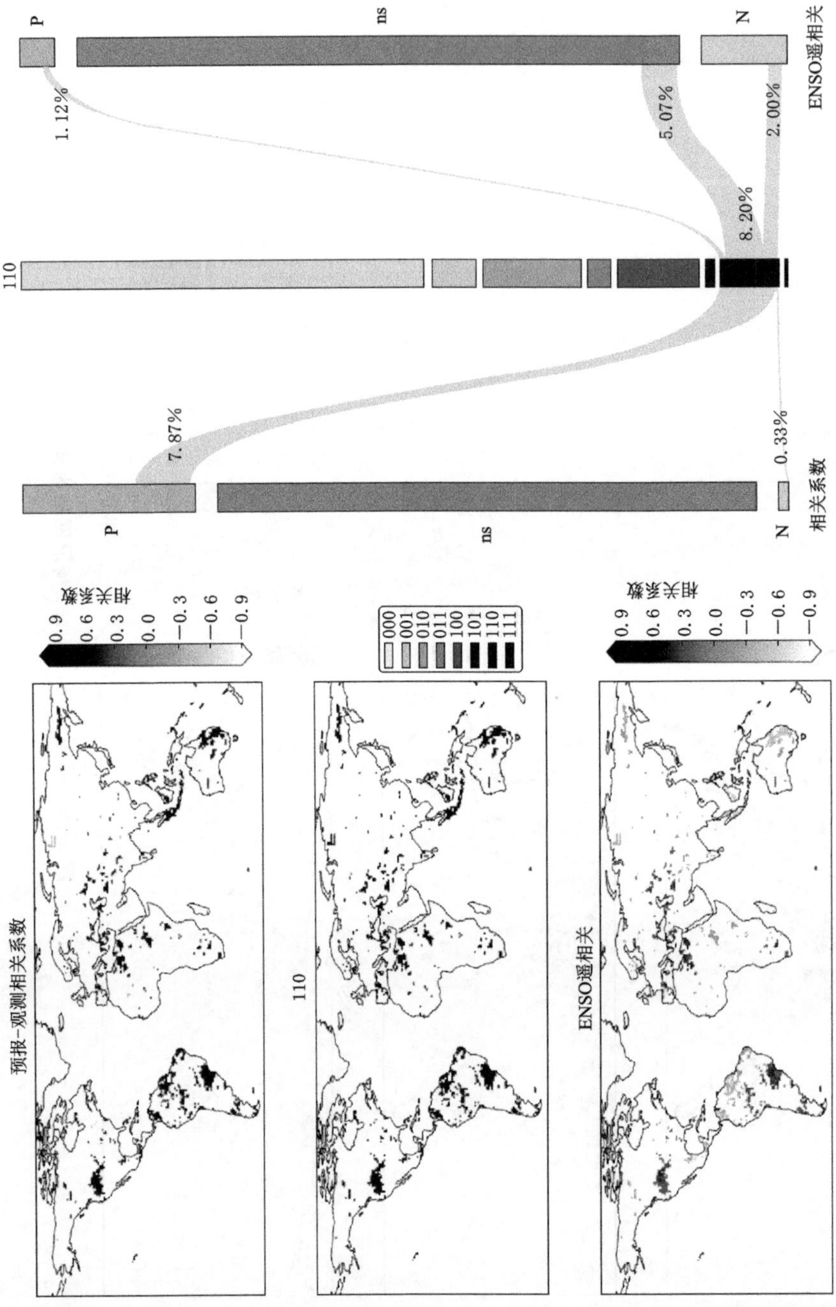

图5-6 同图5-4，以110情形网格为掩膜

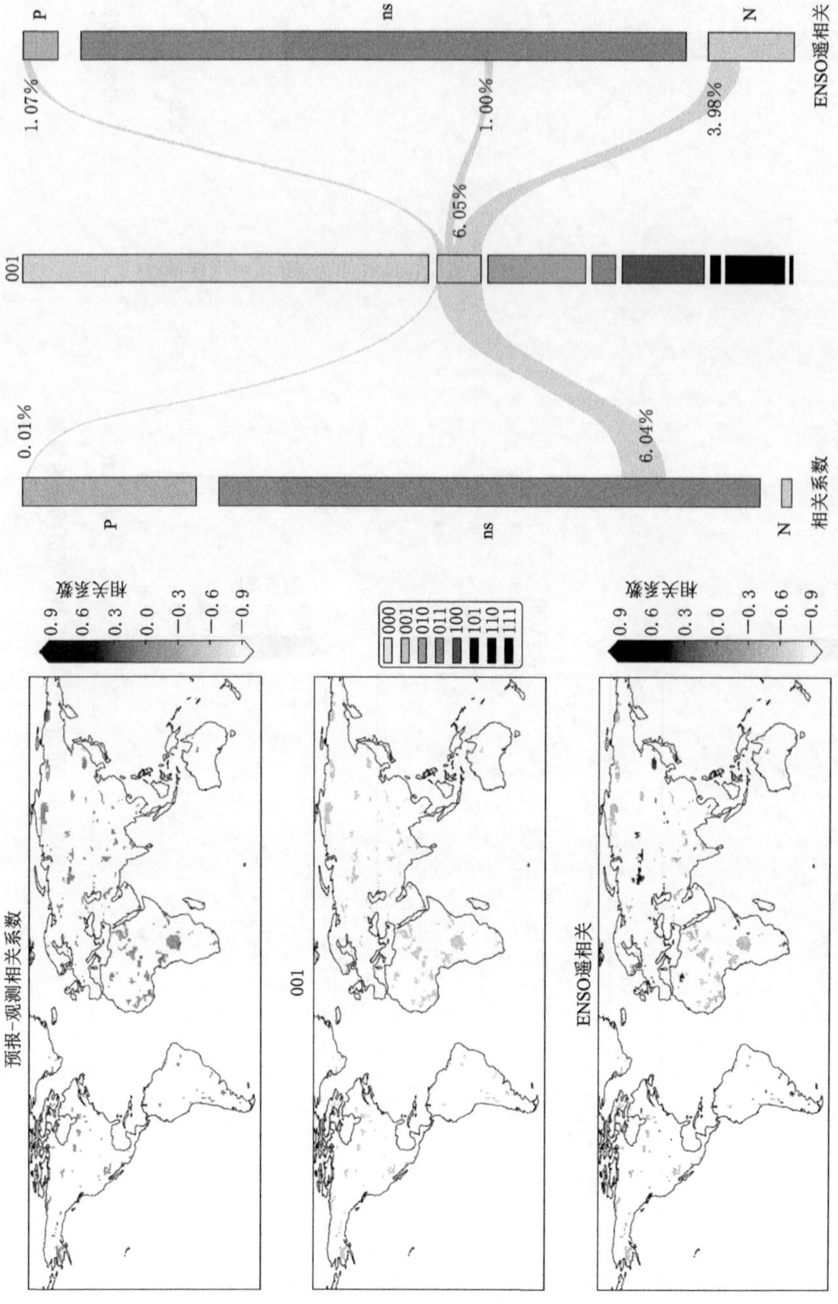

图 5-7　同图 5-4，以 001 情形网格为掩膜

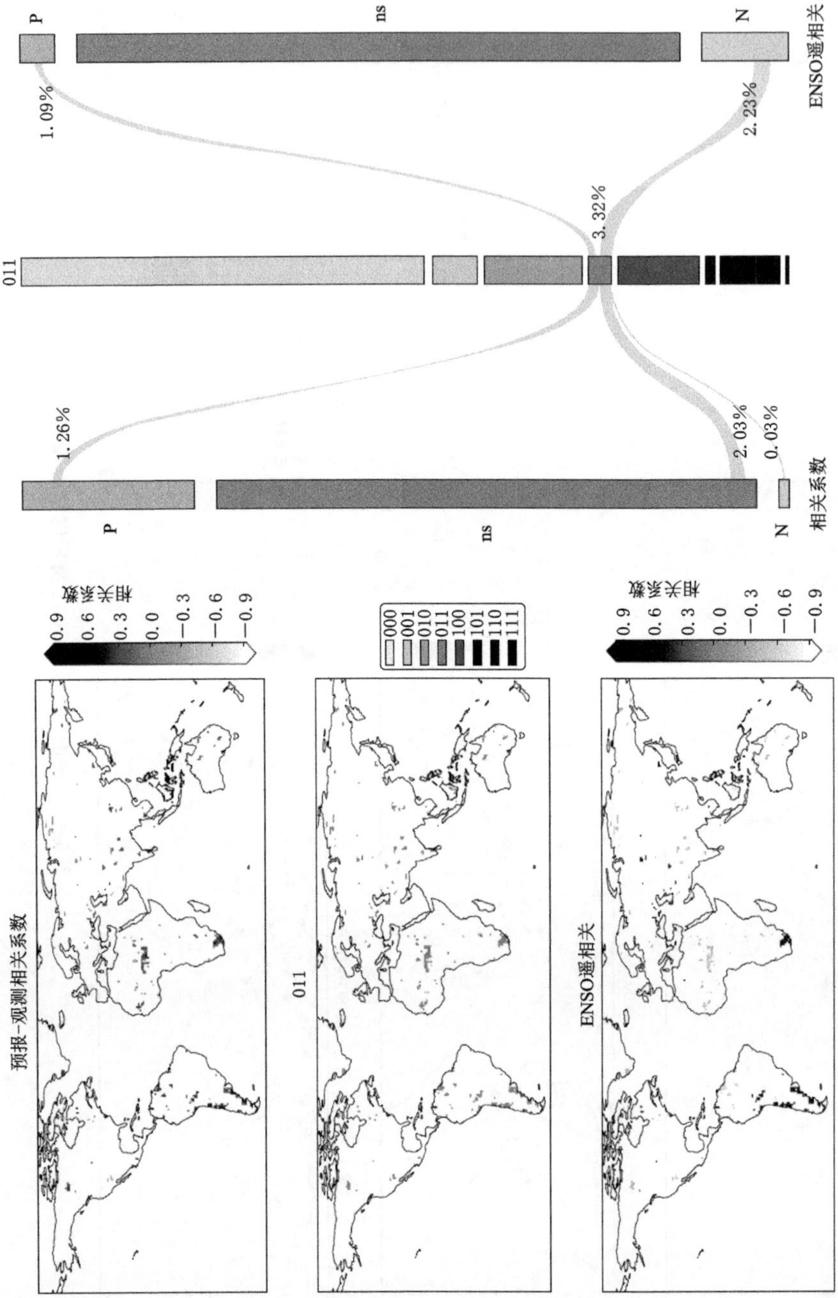

图5－8　同图5－4，以011情形网格为掩膜

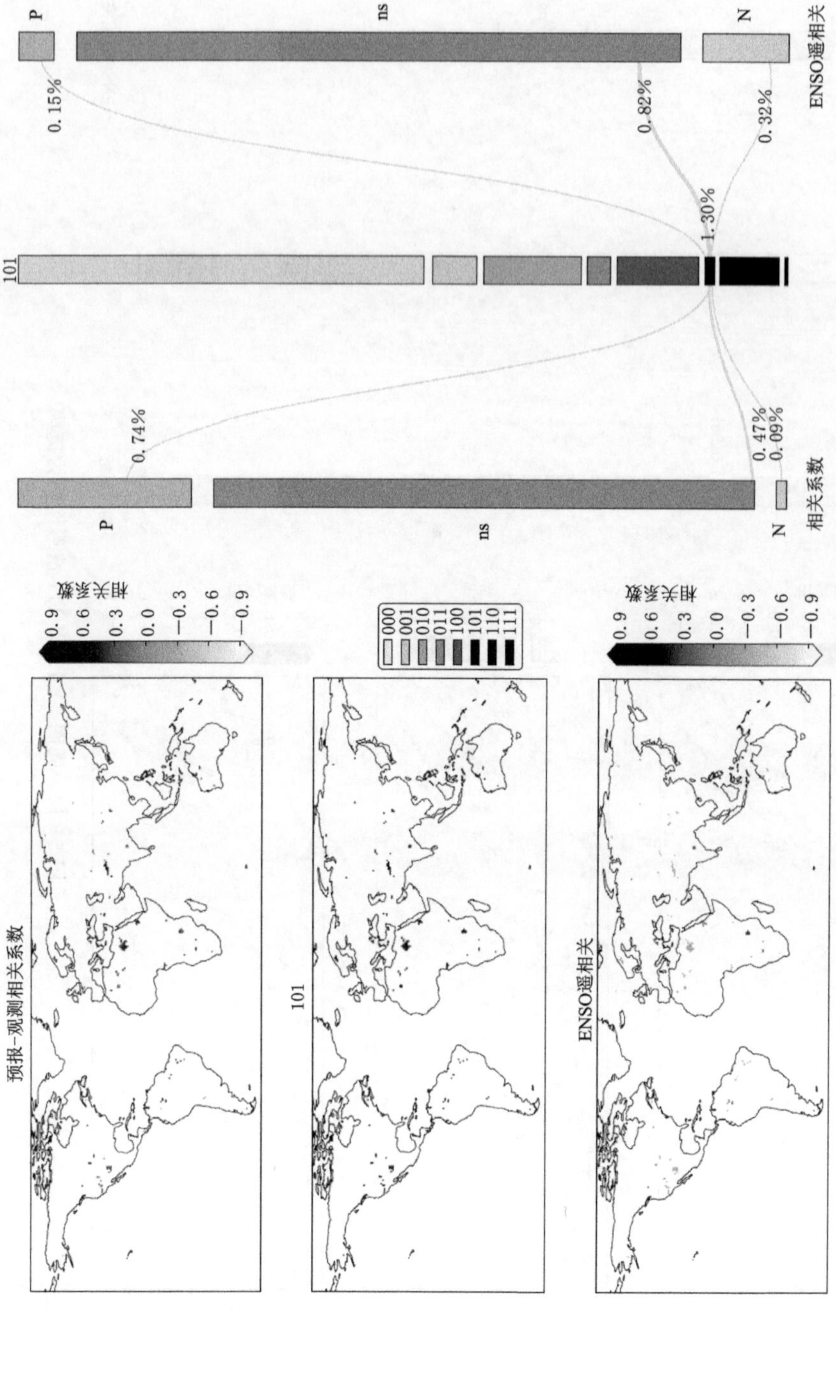

图 5－9　同图 5－4，以 101 情形网格为掩膜

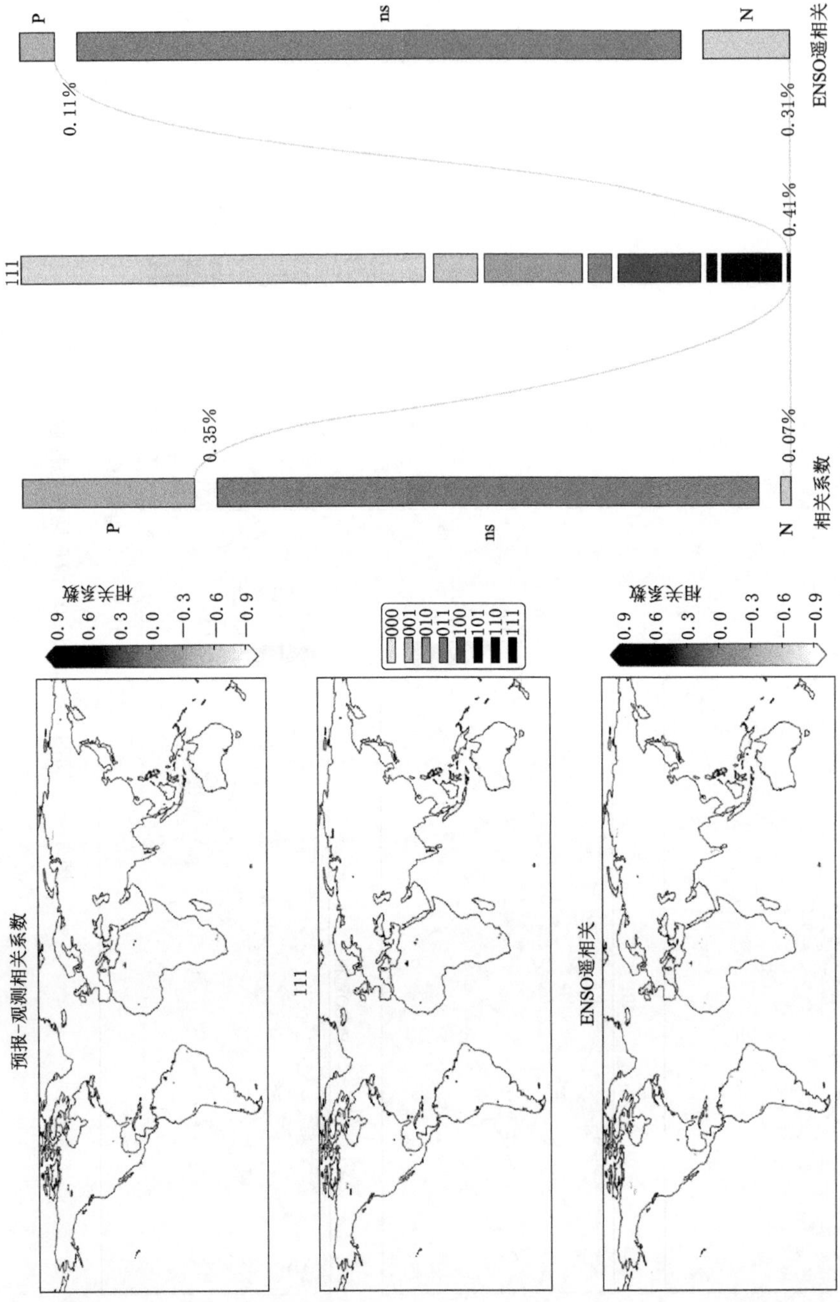

图5-10 同图5-4，以111情形网格为掩膜

全球大多数的网格属于 000 的情形。如图 5－11 所示，超过一半的全球网格属于这一类情形（55.90%）。可以看到，这一类的网格预报-观测相关系数以及 ENSO 遥相关作用整体上数值较低，与情形 010、100 和 110 形成了明显对比。相应的，对应的预报-观测相关系数与遥相关系数整体上不显著（分别占 55.57%和 55.62%的网格）。

通过图 5－12 的散点图，我们进一步对比了不同情形下的预报-观测相关系数和遥相关系数。图 5－12（d）的第一张散点图绘制了全球所有网格，并利用 Viridis 热力图表示散点的密度。可以看到大部分散点落于图中水平虚线（即 $y=0$）以上，表示全球的降水预报-观测相关系数总体上大于 0。此外，随着 ENSO 遥相关作用强度的增大，预报-观测相关系数倾向于增大。这些结果表明了季节降水预报效果很大程度上得益于其捕捉到了 ENSO 对全球降水变异的作用。

图 5－12 所给出的 8 种情形下的散点图，揭示了预报-观测相关系数和 ENSO 遥相关作用的不同关联关系：

（1）在 010、011、110 和 111 四种情况下，CFSv2 季节降水预报和 Niño3.4 指数存在显著的重叠信息。这部分网格的全球占比为 25.43%，即 13.50%（010）+3.32%（011）+8.20%（110）+0.41%（111）。从对应的散点图可以看到，预报-观测相关系数和 ENSO 遥相关系数数值都应该是相当高的，以得到明显的重叠信息。

（2）对于情形 100、101、110 和 111，季节降水预报包含了显著的相异于 Niño3.4 的信息。这部分网格的全球占比为 21.23%，即 11.32%（100）+1.30%（101）+8.20%（110）+0.41%（111）。可以看到，情形 100 的网格预报-观测相关系数整体上高于 ENSO 遥相关系数。整体上，这些结果表明除了 ENSO 的信号，GCM 同时能够解释其他的水文气象遥相关作用信息，以提供有效的预报信息（Saha et al.，2014；Jha et al.，2016；Delworth et al.，2020）。

（3）Niño3.4 指数对于 001、011、101 和 111 四种情形的网格，能够提供显著的相异于 GCM 预报的信息。全球有 11.08% 的网格为这些情形，即 6.05%（001）+3.32%（011）+1.30%（101）+0.41%（111）。在这些情形下，ENSO 遥相关作用整体上强于预报-观测相关系数。特别的，对于 001 的网格，ENSO 遥相关作用数值很高，而预报-观测相关系数整体上落在水平线附近（即 $y=0$）。这些结果说明了一些区域的 ENSO 遥相关作用信息还能进一步被 GCM 利用以提高预报效果。

（4）对于情形 000 的网格，无论是重叠还是相异的信息都不显著。而全球有超过一半的网格属于这种情形。从散点图可以看到，这一类网格集聚在原点

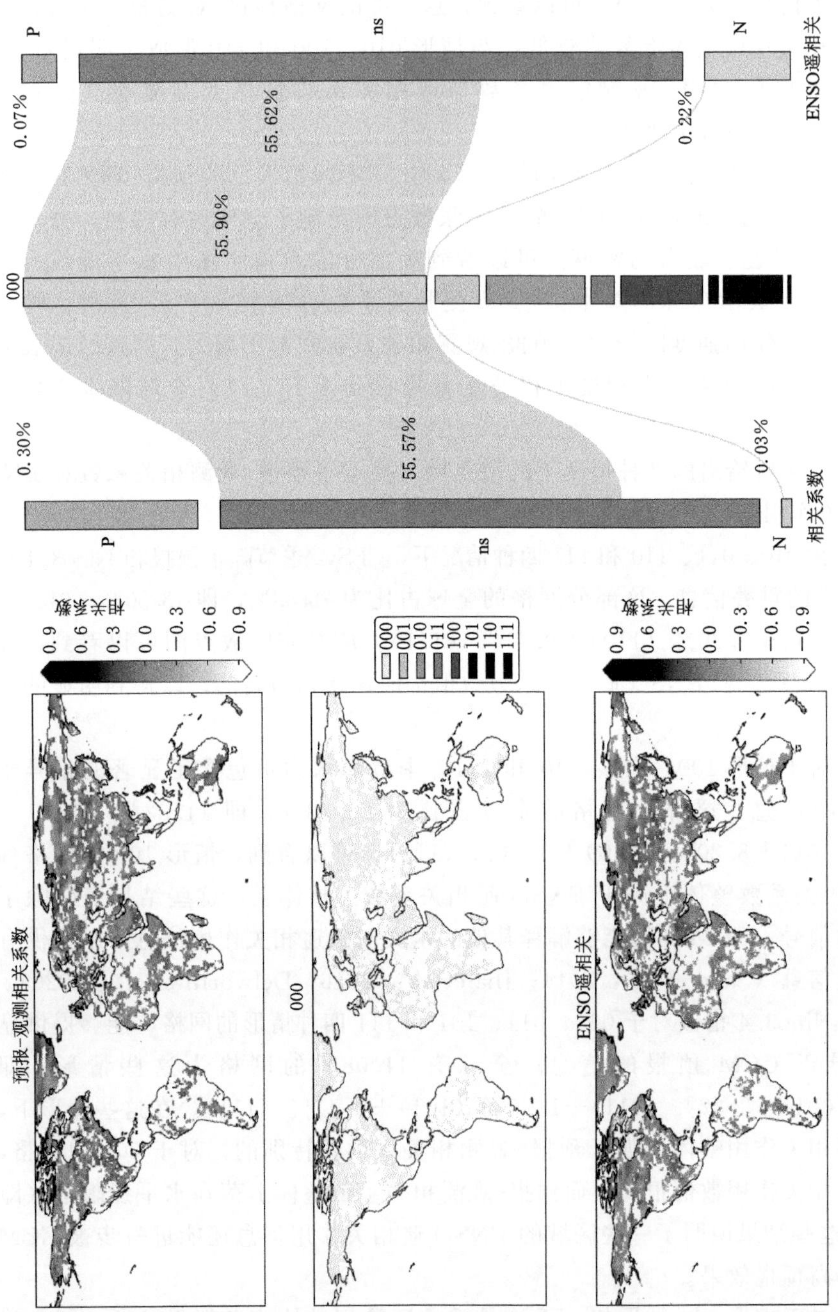

图5－11　同图5－4，以000情形网格为掩膜

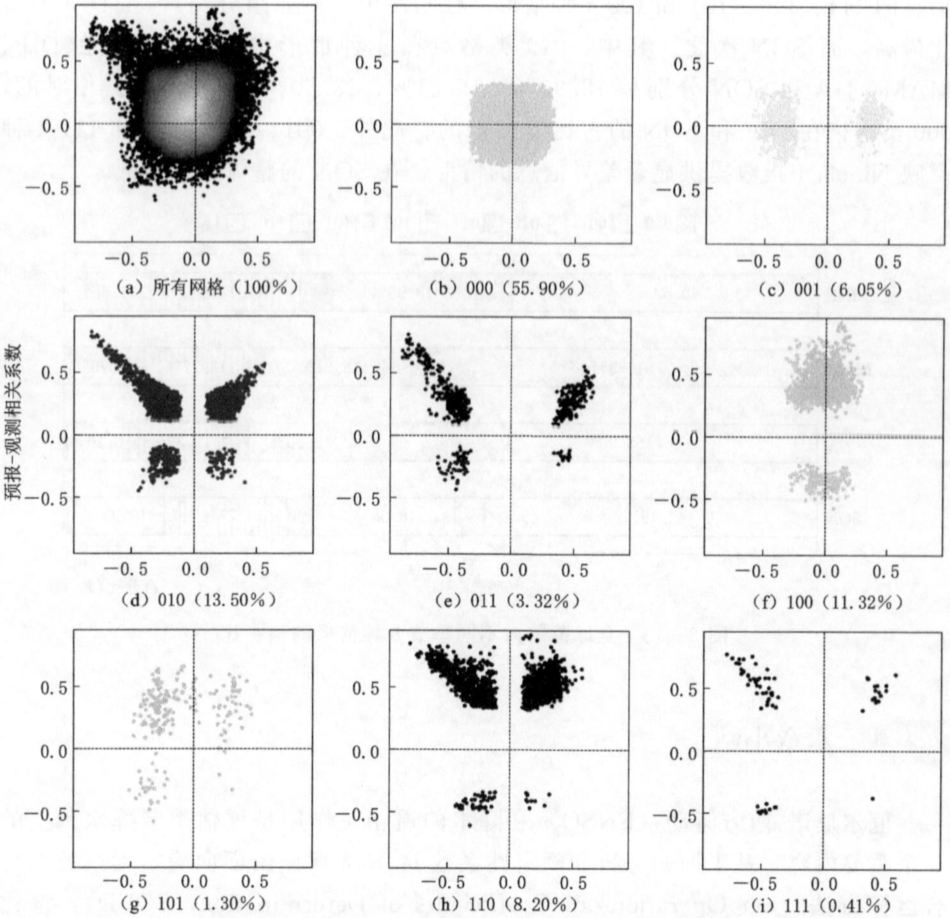

图 5-12　CFSv2 预报-观测相关系数和 ENSO 遥相关关系散点图，分别给出全球网格以及 8 种情形网格的结果，括号内给出各类网格所占比例

附近。对于这些 ENSO 遥相关作用有限的区域，GCM 的预报需要进一步挖掘其他可预报信息的来源，以提高预报能力。

5.4.3　分季节对比分析

除了 JJA 外，同时对 DJF、MAM 和 SON 进行重叠与差异信息计算，以对比不同季节下季节降水预报和 ENSO 遥相关作用的关联关系变化。图 5-13 按季节给出了 8 种情形网格的全球占比。对于 010、011、110 和 111 4 种反映季节降水预报和 Niño3.4 指数存在显著重叠信息的情形，在 DJF 和 SON 的占比更高，这和 ENSO 的信号在 DJF 和 SON 较强有关。对于预报能够提供显著差异信息的 111、110、101 和 100 4 种情形（柱状图中右侧 4 组分类），在 DJF 的占比最高，而 SON 次之。其中，010 类格点在 4 种情形中占比最高，在 DJF、MAM、JJA 和 SON 分别是 18.95%、16.81%、13.50%和 18.55%。相对的，000 类网格在 DJF 和 SON 的占比是最低的。此外，001、011、101 和 111 4 种反映 Niño3.4 指数提供显著差异信息的情形，在 SON 的整体占比最低。

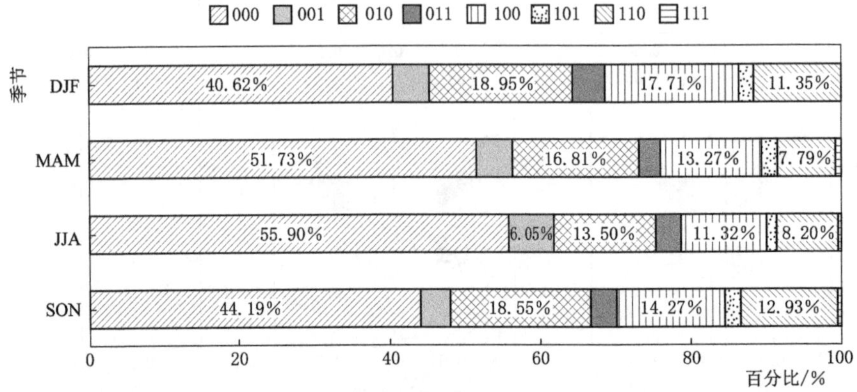

图 5－13　全球范围内不同季节 8 种情形网格占比

5.5　本章小结

厄尔尼诺-南方涛动（ENSO）和降水的遥相关作用是评估季节降水预报的一个重要内容。基于回归分析和确定性系数 R^2，本章提出面向确定性系数的集合运算方法（Set Operations of Coefficients of Determination，SOCD），量化 ENSO-降水遥相关对季节降水预报的影响。首先，将观测降水分别和预报降水、Niño3.4 指数以及两者同时进行回归，通过交集计算得到预报和 Niño3.4 指数两者 R^2 的重叠部分，以表示两者所提供的重叠信息；通过相异运算得到预报和 Niño3.4 指数 R^2 独立的部分，表示两者差异的信息。最后通过自举法评估重叠与差异信息的显著性，分别得到 8 种不同的情形，描述 ENSO 遥相关和预报-观测相关系数的不同关联关系。以 CFSv2 对 JJA 降水的预报为例，结果表明：

（1）对于 010、011、110 和 111 4 种情形，降水预报和 Niño3.4 存在显著的重叠信息，这部分网格的全球占比为 25.43%，主要分布在南美洲东北部、澳大利亚东部以及美国西北部。

（2）对于 100、101、110 和 111 4 种情形，降水预报包含显著的相异于 Niño3.4 的信息。其中，100 网格主要出现在澳大利亚西部地区，反映了降水预报对 ENSO 以外的其他可预报性信息的体现。

（3）对于001、011、101和111 4种情形，Niño3.4指数存在显著的相异于降水预报的信息。这些网格主要分布在非洲中部到南部的部分区域，反映了降水预报可能可以进一步利用的信息。

（4）全球大部分网格属于000的情况，这些网格无论是重叠信息还是差异信息都不显著。在这些区域，ENSO遥相关强度有限，区域降水不确定性大，降水预报难度大，季节降水预报需要进一步挖掘其他可预报信息以改进预报效果。

（5）不同季节的重叠与差异信息存在较大差异，其中ENSO对于DJF和SON降水预报的作用更加明显。

本章对CFSv2模型季节预报降水的分析结果表明，所提出的重叠与差异分析方法能够作为有效的预报评估工具，为使用和改进预报产品提供一定依据。

第 6 章　ENSO 与其他气象因子对比分析

6.1　引言

大量的分析研究证实，区域降水特征和全球海表温度（SST）的变化有关。其中，ENSO 事件被认为是最显著的一种低频振荡，对全球大气环流和气候异常具有突出贡献，受到众多研究的关注。然而，对比于热带地区，ENSO 对中高纬度地区的影响相对有限（Cohen et al.，2011；Peng et al.，2011；Chen et al.，2014）。除 ENSO 以外，全球不同海域的海温信号或各类型的大气环流因子对区域天气和气候产生了一定的影响（López - Moreno et al.，2008；Cai et al.，2011；Wen et al.，2012）。就中国夏季降水而言，其还受到西北太平洋及印度洋海温异常，如印度洋偶极子等因子的影响（肖子牛 等，2002；吴旭树 等，2018）。而位于北半球中高纬度的欧洲和北美地区处于 NAO 和 AO 的下游，直接受到其对应的大气环流异常的影响（Minami et al.，2020）。发生在南半球的 AAO 不仅对南半球天气和气候有重要影响，而且能够影响北半球的气候系统（郑菲 等，2012）。

面向各类气象遥相关关系，多项研究分别从动力模型对气象因子本身的预报和模型重现遥相关模式两个角度评估季节降水预报有效性（Barnston et al.，2012；Yang et al.，2014；Chen et al.，2017）。例如，Ramu 等（2016）对比不同分辨率的 CFSv2 模型所模拟的印度夏季风与 IOD 的遥相关关系，评估模型分辨率对预报精度的影响。这些研究一般面向特定区域，尤其是中高纬度区域。在全球尺度上，这些常见的气象因子对季节降水预报有何影响？对比 ENSO，这些气象因子在不同季节、地点所提供的降水信息是否有明显的差异？除了 ENSO 信号外，季节降水可预报性的其他来源是否在全球季节降水预报中得以体现？为了回答这些问题，本章分别选取了发源于印度洋的 IOD、北大西洋的

NAO 以及南半球的 AAO 为例，分析它们和全球降水的遥相关关系以及和 CFSv2 预报降水的重叠与差异信息，并和 ENSO 的结果进行对比。

6.2 多气象因子分季节实验

本章采用第 5 章的分析方法，对 IOD、NAO 和 AAO 分别和 CFSv2 预报降水的重叠与差异信息进行分析。利用式（4－1）计算逐网格的观测降水和同期气象因子的相关系数，以表示 IOD、NAO 和 AAO 和同期降水的遥相关关系，即分别得到 $r(o, \text{DMI})$、$r(o, \text{NAO})$ 和 $r(o, \text{AAO})$。基于式（5－1）～式（5－6），分别替换 Niño3.4 指数为表示 IOD、NAO 和 AAO 事件的指数，得到不同气象因子的降水遥相关关系和 CFSv2 预报降水的重叠与差异信息。围绕 CFSv2 在 DJF、MAM、JJA 和 SON 四个季节初所做预报，分别计算全球网格和不同气象因子遥相关关系的重叠与差异信息，对比空间分布并统计每一类情形网格的全球占比。

6.3 重叠与差异信息结果

6.3.1 DJF 结果

图 6－1 显示了不同气象因子和 DJF 观测降水的遥相关关系空间分布。可以看到，IOD 主要对印度洋周边区域产生影响，包括非洲东部、非洲南部的部分区域、南亚部分区域以及澳大利亚东部。值得注意的是，IOD 和北半球高纬度的格陵兰岛地区降水存在明显的负相关关系。NAO 的影响范围则主要分布在北半球，特别是欧洲、亚洲东北部，还包括中亚和青藏高原等部分地区。这两个气象因子对美洲的 DJF 降水影响整体较小。相较而言，AAO 对美洲中部、南美洲北部以及南美洲东南部地区产生明显的影响，同时，这些影响基本呈现和 Niño3.4 相反的特点。例如，Niño3.4 正位相期间（即厄尔尼诺），北美洲南部、墨西哥北部区域降水异常偏多，南美洲北部、亚马孙等区域降水异常偏少，而南美洲东南部降水异常偏多，从北到南是正/负/正的格局；而 AAO 的影响则基本相反，正位相期间，从北美洲南部到南美洲东南部，呈现的是负/正/负的格局。此外，AAO 对非洲南部、非洲东部以及中国的南方地区的影响也基本和 Niño3.4 相反，但整体上的分布范围更小。

图 6－2 给出了各气象因子与预报降水重叠与差异信息的空间分布。对于 IOD 而言，从空间分布图可以看到，印度洋周边区域的网格主要属于 010 和 110

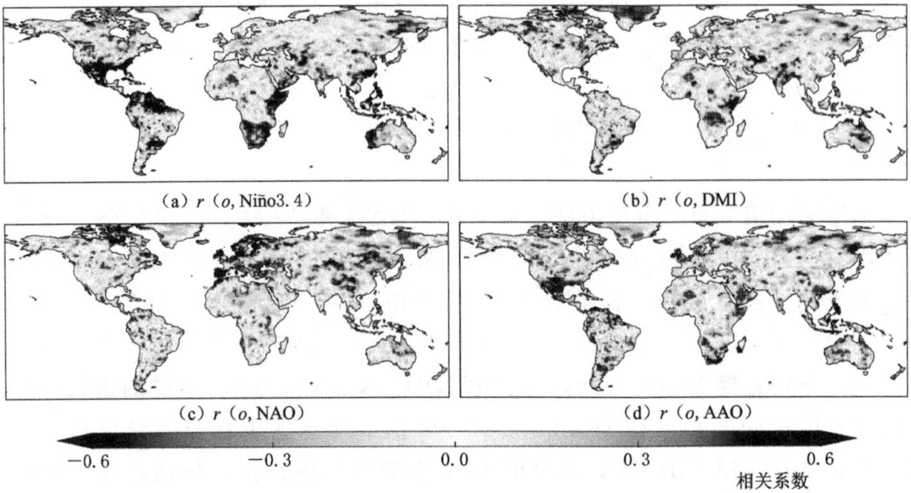

图 6-1　DJF 观测降水和同期气象因子相关系数空间分布

两种情况，即预报降水和 DMI 有明显的重叠信息存在。相对的，在高纬度以及北美洲的部分区域，网格主要为 100 的情形，即预报降水存在显著的差异信息，这是因为在这些区域 IOD 的影响非常有限。对于 NAO 而言，从图 6-2 可以看到，大部分地区的网格属于 100 情形，反映了 CFSv2 对于除欧洲外多数区域的 DJF 季节降水预报信息和 NAO 没有明显关系。而对于 NAO 影响较大的欧洲北部地区，网格的情形主要 011 和 001，这反映了 CFSv2 预报没有完全体现 NAO 的信息，对于欧洲北部区域的降水预报还存在一定的改进空间。最后，AAO 和 CFSv2 降水预报存在明显重叠信息的区域主要分布在墨西哥北部以及南美洲北

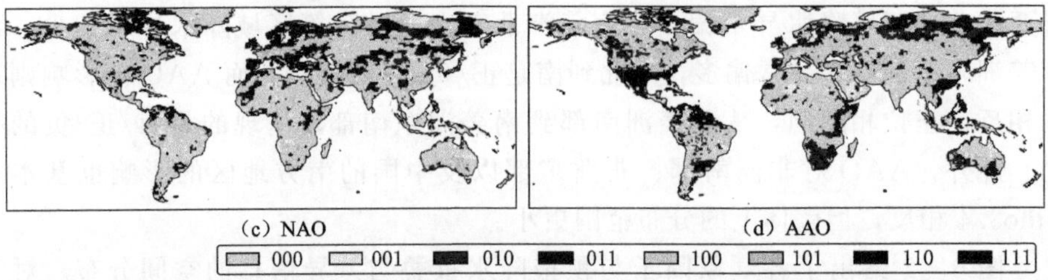

图 6-2　DJF 预报降水与各气象因子的重叠与差异信息空间分布

部的部分地区，并以 110 情形为主。相比较而言，Niño3.4 在这些区域更多的是和预报存在明显的重叠信息（以 010 为主）。综合看来，CFSv2 对 DJF 的季节降水预报整体上更多地受 ENSO 的影响。

图 6-3 给出了各气象因子不同情形网格的全球占比。除了 000 以外的 7 种情形中，占比较高的是 010、100 和 110 三种情形。值得注意的是，对于 AAO、NAO 和 DMI 三个指标而言，100 类网格的占比更高，分别是 18.93%、21.29%和 22.83%，几乎是 010 类网格的 2 倍。而对于 Niño3.4 来说，010 类网格占比要高于 100 类网格，分别是 18.95%和 17.71%。而 4 个气象因子的 110 类网格占比均高于 10%。这些结果表明 CFSv2 对 DJF 的降水预报整体上能够提供相当程度的异于气象因子的信息。可以看到，DJF 的降水信息同时受到多种遥相关作用的影响，其中 ENSO 信号的影响最为明显，为预报降水提供了主要的信息。

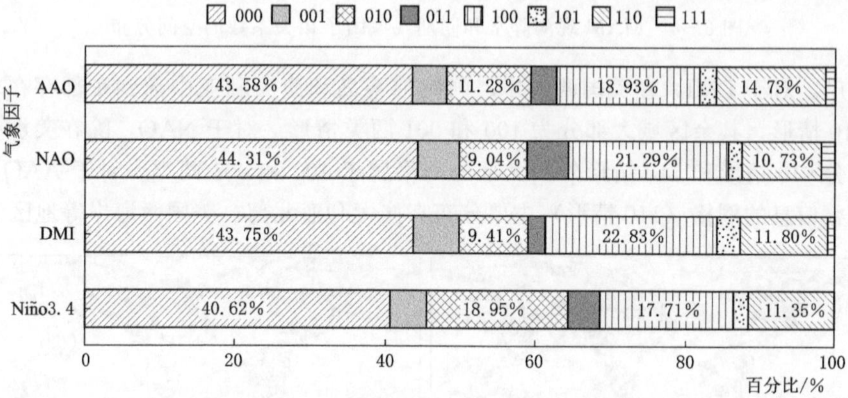

图 6-3　DJF 各气象因子不同类别网格占比

6.3.2 MAM 结果

MAM 观测降水和同期气象因子相关系数的空间分布如图 6-4 所示。对比 DJF，4 个因子在 MAM 的遥相关关系整体分布范围减小。DMI 的影响范围整体偏北，主要分布在欧亚大陆北部，且以正相关系数为主。而 NAO 对于欧亚大陆的影响在 MAM 明显弱于 DJF，显著相关系数的分布较少，部分显著正相关系数出现在美洲中部和南美洲部分地区，在欧洲南部分布有较大范围的显著为负的相关系数。AAO 的影响主要发生在南美洲的东南部和澳大利亚北部，分别以负相关系数和正相关系数为主。

MAM 预报降水与各气象因子重叠与差异信息空间分布如图 6-5 所示。不难看出，Niño3.4 对 CFSv2 预报降水的影响相比于 DMI、NAO 和 AAO 分布范

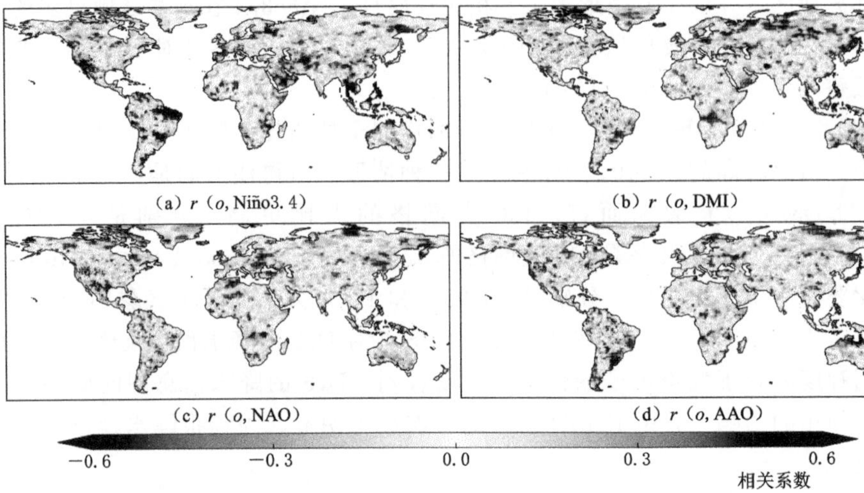

图 6-4　MAM 观测降水和同期气象因子相关系数的空间分布

围更广。对于 DMI，在美国西海岸、阿拉伯半岛和澳大利亚中部到东部存在较多的 110 情形，其余区域大部分为 100 和 001 两类情形。对于 NAO，除在美洲分布有部分 010 情形和 110 情形外，大部分网格属于 100 和 001 两类。对于 AAO，存在重叠信息的网格（110 情形）主要分布在澳大利亚北部、美国西海岸等地区。

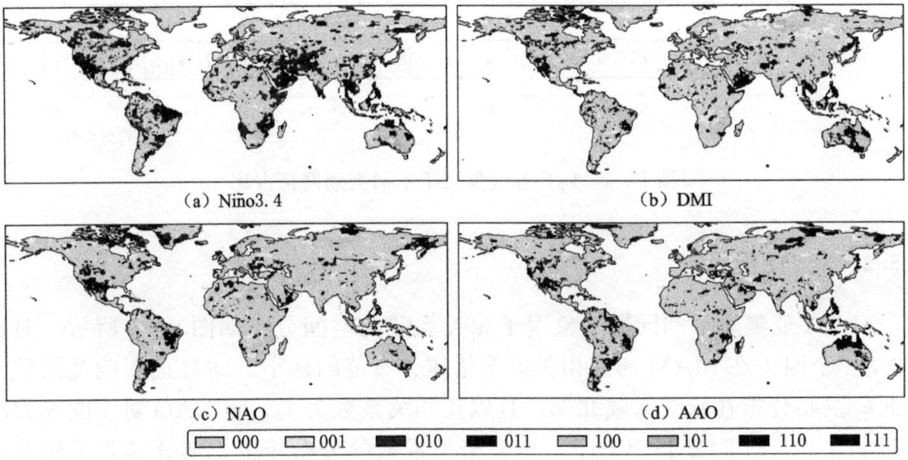

图 6-5　MAM 预报降水与各气象因子重叠与差异信息空间分布

在此基础上，图 6-6 给出了各种情形网格的全球占比。其中，000 情形的网格占比最低的是 Niño3.4，为 51.73%。同时，对于反映了气象因子和预报降水有显著信息重叠的 010 和 110 2 种情形，当气象因子为 AAO、NAO 和 DMI

时，占比均小于10%。相对的，Niño3.4对MAM降水预报有重要的影响，其中010和110两类网格占比分别是16.81%和7.79%。对于AAO、NAO和DMI 3个指标，占比较高的是100类，这个结果说明了CFSv2的MAM降水预报信息更多地受到ENSO的影响。

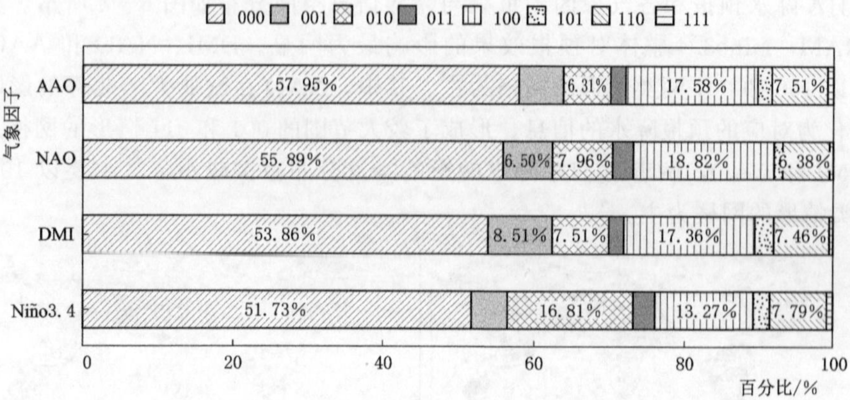

图6-6 MAM各气象因子不同类别网格占比

6.3.3 JJA结果

图6-7给出了JJA观测降水和同期气象因子的遥相关关系空间分布。其中，DMI对降水的影响范围有限，主要集中在亚洲和澳大利亚的部分地区。而NAO的影响范围相比MAM有明显的增长，主要表现在分布于欧洲、青藏高原

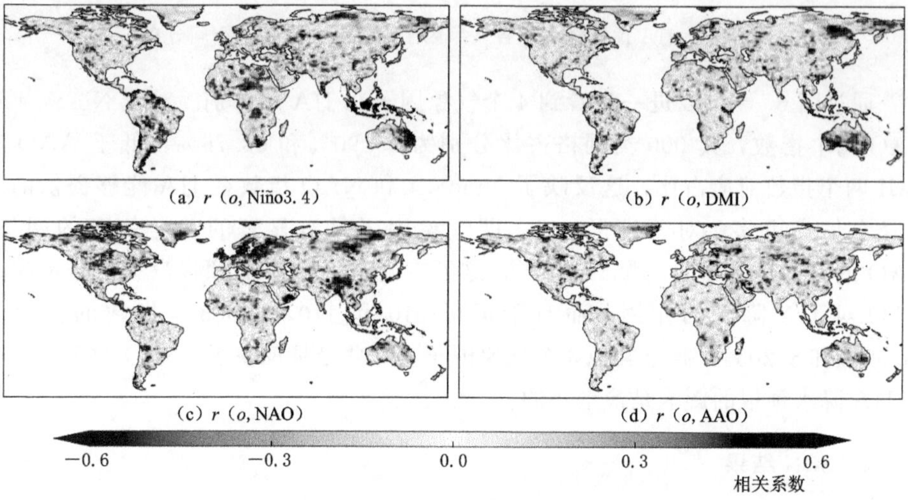

图6-7 JJA观测降水和同期气象因子相关系数空间分布

和亚洲北部的较大面积的显著为负相关系数，对于加拿大南部和东南亚部分地区也存在一定的影响。相比而言，AAO在JJA整体的影响较弱，仅在欧洲和澳大利亚部分地区有一定的正相关作用。总体看来，对于JJA季节降水，ENSO和Niño3.4的影响范围更广、相关程度更大。

JJA降水预报和各气象因子重叠与差异信息空间分布如图6-8所示。类似于MAM，Niño3.4整体对预报效果的影响最为明显。DMI、NAO和AAO整体上以100和001两类情形的网格为主。其中，NAO在欧亚大陆北部的影响没有转化为对应的预报降水的信息，形成了较大范围的001和011情形的网格。对于DMI和AAO，两者对JJA降水的影响本身分布范围较小，其主要以100和110类情形的网格为主。

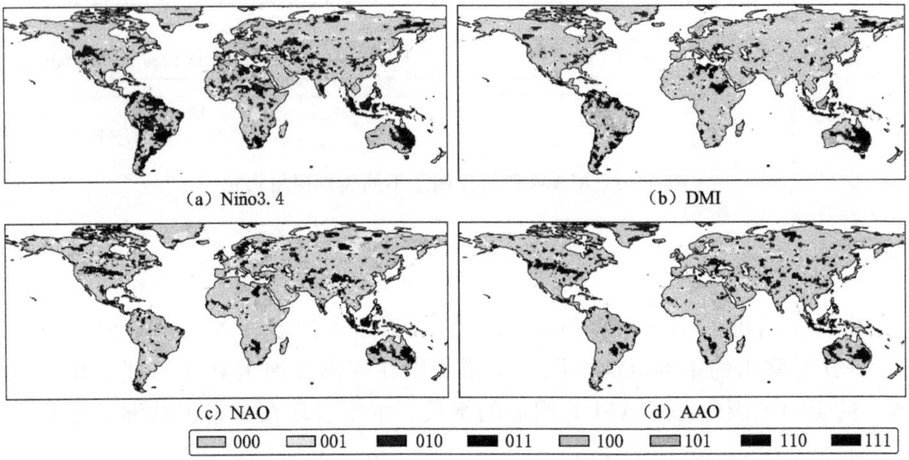

图6-8 JJA预报降水和各气象因子重叠与差异信息空间分布

通过图6-9可以进一步看到4个气象因子在JJA的差别。对于Niño3.4和NAO两个指数，其000类网格占比分别为55.90%和52.76%，低于AAO和DMI两个指数对应占比，这反映了Niño3.4和NAO指数在JJA能够提供的观测降水信息更多。对于情形001，即气象因子具有显著的差异信息的网格，NAO的占比是最高的，为11.72%，这可能说明了CFSv2预报没有充分反映出NAO对JJA降水的作用。而对于情形010和110，Niño3.4指数的占比为13.50%和8.20%，高于其他3个气象因子。这些结果反映了ENSO对于CFSv2的JJA降水预报的影响是最重要的。

6.3.4 SON结果

SON观测降水和同期气象因子相关系数空间分布如图6-10所示。DMI对

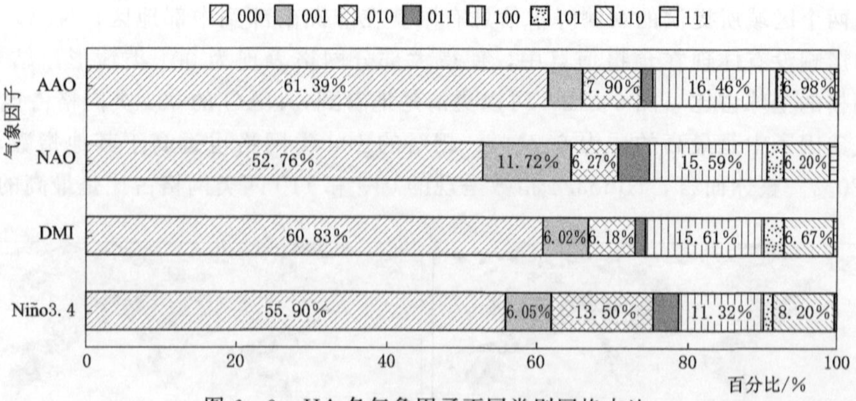

图 6-9　JJA 各气象因子不同类别网格占比

热带印度洋附近区域的季节降水具有显著的影响，同时也对南美洲和东亚部分地区产生影响，主要包括在东南亚和澳大利亚南部地区的负相关作用，非洲东部、亚洲西部、我国南方地区以及南美洲东南部的正相关作用。NAO 的影响则主要发生在非洲南部，并以正相关作用为主，同时对地中海和亚洲西部的部分地区有一定影响。AAO 对澳大利亚和东南亚的 SON 降水产生重要的影响，整体以正相关作用为主，同时对于南美洲南部降水有一定的负相关作用。

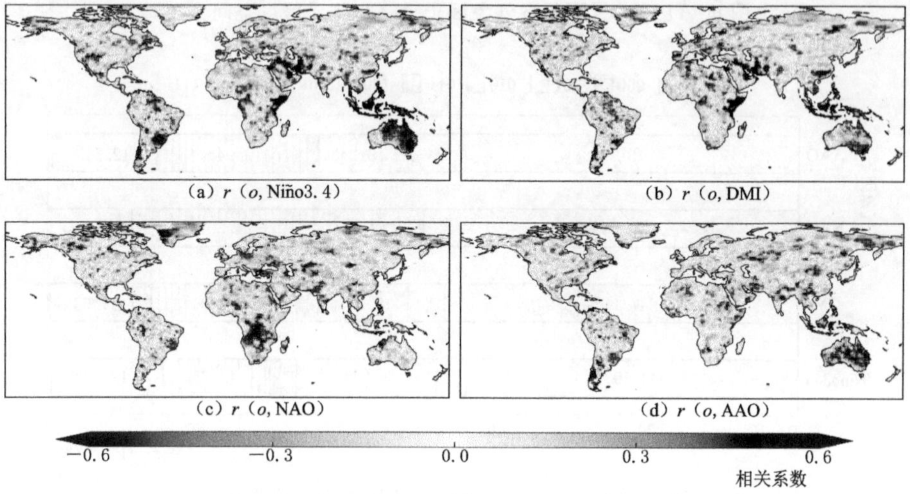

图 6-10　SON 观测降水和同期气象因子相关系数空间分布

通过图 6-11 进一步对比观测到的遥相关关系对 CFSv2 降水预报的影响。其中，Niño3.4、DMI 和 AAO 均在西亚和澳大利亚东部对预报降水产生了明显的影响。对于这两个区域的大部分网格，预报降水与 Niño3.4、DMI 和 AAO 3 个气象因子具有显著的重叠信息，即以情形 010 和 110 为主。相较而言，NAO

在这两个区域所提供的观测降水信息有限。在非洲南部到中部地区，NAO 对降水的影响没有体现在预报信息中，使得大部分网格表现为 001 类情形。结合各类网格的全球占比（图 6－12）可以更清楚地看到，NAO 的 001 类网格占比在 4 个气象因子中是最高的，为 6.74%，相对的 100 类网格也远高于其他指数，为 24.20%。整体而言，Niño3.4 指数呈现的 010 和 110 两类网格占比是最高的。

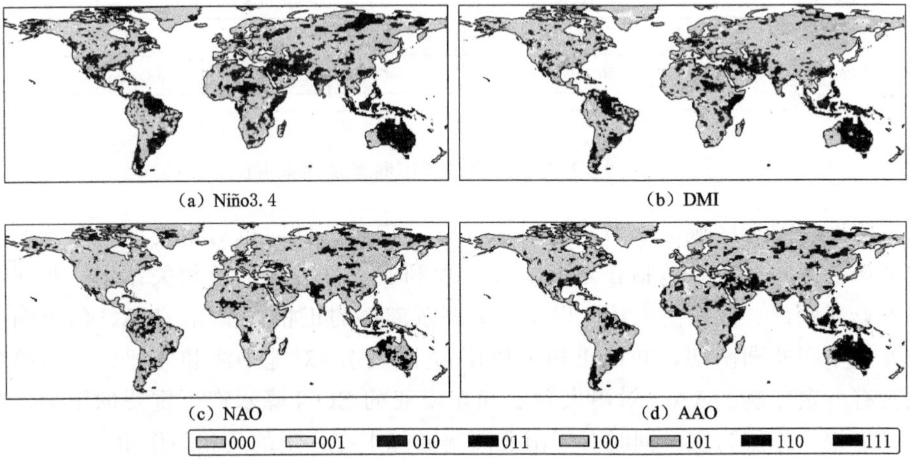

图 6－11　SON 预报各气象因子重叠与差异信息空间分布

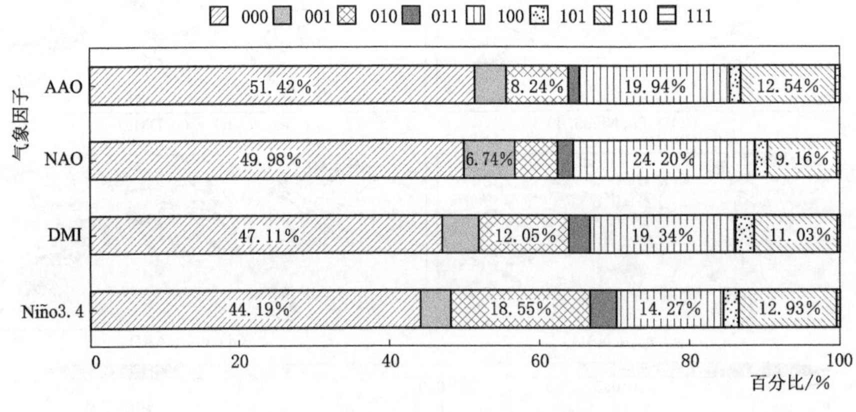

图 6－12　SON 各气象因子不同类别网格占比

6.4　本章小结

全球不同海域的海温信号以及大气环流因子对区域天气和气候具有一定的

影响。本章选取发生在印度洋的IOD、北大西洋的NAO以及南半球的AAO，利用第5章所提出的SOCD方法，以CFSv2在DJF、MAM、JJA和SON季节初所作降水预报为例，重点分析了这些气象因子和同期降水的遥相关关系，以及对降水预报的影响，同时和ENSO的结果进行对比。结果表明，不同气象因子对降水预报的影响随季节而发生明显变化：

（1）在DJF，ENSO和AAO对CFSv2预报的影响较大，且两者在空间上的影响区域呈现一定程度的重合。ENSO和AAO的影响区域主要是在北美洲中部和南部、南美洲北部、南美洲东北部和非洲东部及南部等，但AAO的影响范围相对较小。NAO对欧洲降水影响较大，但这部分遥相关信号没有完全体现在预报降水的信息当中。

（2）在MAM，CFSv2降水预报受ENSO的影响最明显。相比于ENSO，其他气象因子一方面对于MAM季节降水影响较弱，同时，其在部分区域的影响作用没有体现在降水预报的信息当中。

（3）在JJA，全球降水可预报性整体偏低。其中，NAO对于中高纬度地区，尤其是欧洲的JJA降水有较大的影响，但这一部分信号在预报中体现不足。而IOD和AAO对于JJA降水的作用比较有限，进而对预报降水产生的影响较弱。

（4）在SON，ENSO和IOD对全球降水预报的影响较强，NAO影响最小。特别的，ENSO、IOD和AAO都对澳大利亚和亚洲中西部地区的预报降水有相当的影响。然而，NAO在非洲南部和中部的降水信号没有在预报中得以体现。

整体而言，ENSO信号相比与IOD、NAO和AAO遥相关，在4个季节对降水预报的贡献都更大。一方面，ENSO遥相关作用更强，对观测降水产生较大的影响；另一方面，CFSv2预报对其他的遥相关信号，例如NAO，还有一定的改进空间。

第7章 总 结 与 展 望

7.1 主要结论

全球气象模型的稳步发展为流域水文预报提供了丰富的降水驱动数据。对季节降水预报开展有效性评估分析，挖掘有效的预报信息，是提高季节水文预报精度和延长预见期的重要途径。本书以全球气象模型季节降水预报为研究对象，从空间关联关系和ENSO遥相关关系的角度评估预报产品的有效性，提供适用于降水预报评估的思路和方法。取得的主要结论如下：

(1) 面向季节降水预报和观测之间的相关系数，提出空间关联局部指标LISAAC，分析CFSv2季节降水预报-观测相关系数的空间关联关系。结果表明，CFSv2季节降水预报-观测相关系数存在显著的空间关联关系。借助LISAAC可以识别出5种不同情形的空间关联关系：①网格相关系数与邻近网格相关系数整体显著为正，记为PP；②网格相关系数为正，邻近网格相关系数整体为负，记为PN；③网格与邻近网格相关系数整体不显著，记为ns；④网格相关系数为负，邻近网格相关系数整体为正，记为NP；⑤网格和邻近网格的相关系数整体为负，记为NN。对于CFSv2分别从1月到6月初所做的JJA季节降水预报，PP和NP在全球的占比随预见期缩短而升高，NN、PN和ns的比例则呈下降趋势。类似的，在DJF、MAM和SON 4个季节呈现相似的特征，这些结果说明了CFSv2预报效果整体随着预见期的缩短呈现改进的趋势。

(2) 针对ENSO遥相关和相关系数的空间对应关系，构建识别和量化对应关系的分析流程，分析CFSv2季节降水预报在不同季节和区域与ENSO遥相关的对应关系。结果表明：CFSv2预报-观测相关系数在全球尺度上和ENSO遥相关关系存在显著的对应关系；区域尺度上，两者的对应关系主要发生在DJF期间的东南亚地区、北美洲南部、美洲中部和墨西哥地区；MAM期间的东南亚、巴西东北部和中亚地区；JJA 期间的东南亚和南美洲西海岸以及 SON 的东南亚和澳大利亚地区。而在 DJF 的非洲南部、MAM 的青藏高原、JJA 的西非以及 SON 的东南亚地区，虽然 ENSO 遥相关关系较强，但 CFSv2 预报效果并不理想。对比不同预见期下的对应关系，发现预见期较长的预报受到 ENSO 遥相关的影响更大，反映了预报初始条件对季节初所作预报的影响。

(3) 针对 ENSO 遥相关和季节降水预报的信息，开发基于确定性系数的集合运算方法（SOCD），识别和量化 CFSv2 降水预报和 ENSO 遥相关关系的重叠和差异信息。对于 JJA 降水预报的分析结果表明：降水预报在南美洲东北部、澳大利亚东部以及美国西北部等地区和 Niño3.4 指数存在显著的重叠信息，反映了 ENSO 对这些区域预报效果的影响；而预报在澳大利亚西部存在显著的差异信息，表明降水预报对于除 ENSO 外的可预报性信息的体现；在非洲中部到南部的一些区域，Niño3.4 存在显著的差异信息，指出了降水预报可能可以进一步利用的信息；整体上全球大多数的网格预报-观测相关系数或遥相关关系都不显著，反映了季节降水预报还存在较大的改进空间。对比不同季节的预报，发现 ENSO 对 DJF 和 SON 降水预报的影响程度大于对 MAM 和 JJA 预报的影响。

(4) 对比 ENSO 和 IOD、NAO 和 AAO 3 个气象因子对降水预报的影响，利用所提出的 SOCD 方法，分析不同季节下 IOD、NAO 和 AAO 对预报影响和 ENSO 的差异。结果指出，不同气象因子对降水预报的影响存在较强的季节性：对于 DJF 降水预报，ENSO 和 AAO 对预报的影响较为明显，影响区域主要是南亚、非洲东部、澳大利亚南部和地中海等，两者的影响区域相似；在 MAM 和 JJA，降水预报受 ENSO 的影响最为明显，IOD 和 AAO 对 MAM 和 JJA 降水的影响较弱，而 NAO 对欧亚大陆北部 JJA 降水的影响没有很好地体现在预报降水中；在 SON，ENSO 和 IOD 对降水预报的作用强于其他因子，主要的影响区域包括澳大利亚和亚洲中西部地区。

7.2 主要创新点

本书主要分析 ENSO 视角下的全球季节降水预报有效性，总结全文，主要有以下 3 个方面的创新：

(1) 提出了考虑预报-观测相关系数显著性以及和邻近网格关联关系的空间关联局部指标 LISAAC。针对传统空间关联局部指标无法有效评估相关系数时空特征的问题，面向相关系数对空间关联指数作出改进：一方面，调整指数计算公式，不再进行变量的标准化，保留预报-观测相关系数的原始信息；另一方面，调整空间聚类标准，使得结果可以同时反映相关系数的显著性以及和邻近网格的关联程度。

(2) 建立了耦合相关系数与偏相关系数的遥相关强度与预报-观测相关系数对应关系识别框架。针对遥相关强度和相关系数空间分布的差异性和相似性，利用显著性检验和偏相关分析辨识不同季节和区域下两者的对应关系：首先通过相关系数显著性检验辨识三种情形的相关系数网格；其次，统计全球以及区域尺度不同情形网格的占比，计算给定不同 ENSO 遥相关关系，预报-观测相关系数显著为正的条件概率；最后，通过控制 ENSO 效应，量化 ENSO 对预报-观测相关系数的贡献程度。

(3) 开发了面向确定性系数的集合运算方法（SOCD）以量化气象因子和降水预报的重叠和差异信息。针对降水预报和气象因子所揭示的观测降水信息，从经典的集合运算角度出发，区分出信息的重合与差异成分：首先，基于线性回归模型分别量化降水预报和气象因子所解释的观测降水的信息；其次，通过交集计算和相异计算分别得到预报和气象因子两者信息的重合部分和独立的部分，分别表示两者的重叠与差异信息；最后，通过自举法检验重叠与差异信息的显著性，得到描述遥相关关系和预报-观测相关系数的 8 种不同关联关系。

7.3 不足之处和今后工作展望

本书提出的基于 ENSO 视角的全球季节降水预报有效性评估为预报产品的评估和应用提供了一定的参考。但研究仍存在着不足，有待于将来进一步深入探讨和研究，主要包括以下 4 个方面：

(1) 需要对主流气象机构的预报产品开展对比性分析评估。本书以 CFSv2 模型为例，对预报降水和观测的相关系数的空间关联关系以及和 ENSO 遥相关的对应关系进行分析。国内外很多机构都开发了各自的气象模型以描述天气气候过程。这些模型具有不同的物理过程参数化方案、初始扰动方法和时空分辨率等。不同模型的预报产品之间的对比是预报系统评估的另一个重要内容。在预报产品的比较中往往会遇到共线性的问题，因为所有的预报系统的目的都是尽可能地重现真实气候系统的情况。下一步的研究应进一步对比主流气象机构的预报产品，挖掘各个预报产品的有效降水信息，分析产品间差异产生的原因。

(2) 需要发掘影响降水预报产品有效性的物理机制和动力过程。受限于数据年限，一些统计指标或方法难以描述气象因子之间、气象因子和季节降水之间的非线性关系及背后的动力过程。气候系统作为一个整体，各圈层之间存在复杂的相互作用和一系列反馈机制，同时气象因子对区域降水的作用可能是非线性的。随着实时预报产品的不断发布，可以获得的历史预报资料逐渐丰富，为采用对数据样本量要求较高的分析方法提供了可能。未来的研究中，应该进一步开发相应的数学方法，评估影响降水的其他动力过程，如风场和气压场等，分析气象因子和降水之间可能存在的非线性关系。

（3）需要对比不同类型气象因子在不同预见期对季节降水预报的影响。本书以 ENSO 和降水的遥相关关系为切入点分析了季节降水预报的有效性，并对比了 IOD、NAO 和 AAO 3 个气象因子。实际上，大量海洋、陆地、大气环流因子被指出对区域季节降水具有影响。如北极涛动、太平洋 10 年涛动、青藏高原雪盖等。同时，气象因子之间往往并非独立，而是相互作用和影响的。此外，很多研究指出气象因子和区域降水的关系存在时间上的滞后。在今后的研究中，需要进一步分析和对比不同预见期下，不同类型气象因子对于季节降水预报的影响。

（4）需要考虑预报初始条件和边界条件对于季节降水预报效果的不同贡献。全球季节降水预报提供了丰富时间尺度和预见期的预报产品。随着预见期的增长，降水的不确定性不断增大，影响因素也更加复杂，预报难度增大。此外，不同的预见期意味着预报采用了不同的初始条件。因此初始条件和边界条件对预报效果的影响程度可能在不同的预见期下发生改变。在以后的研究中，需要深入对比不同预见期下，遥相关关系对预报效果的贡献程度的变化，识别遥相关信息外因素的影响，量化不同预见期之间初始条件和边界条件差异对预报效果造成的影响。

参 考 文 献

包红军，王莉莉，沈学顺，等. 气象水文耦合的洪水预报研究进展［J］. 气象，2016，42（9）：1045－1057.

曹璐，武新宇，过团挺，等. 基于CFS预报产品的水电站水库预泄决策方法［J］. 水电能源科学，2016，34（1）：53－56.

曹永强，游海林，邢晓森，等. 基于Logistic方程的多元回归径流预报模型及其应用［J］. 水力发电，2009，35（6）：12－14.

陈官军，魏凤英，巩远发. NCEP/CFS模式对东亚夏季延伸预报的检验评估［J］. 应用气象学报，2010，21（6）：659－670.

陈海山，孙照渤. 陆气相互作用及陆面模式的研究进展［J］. 南京气象学院学报，2002（2）：277－288.

陈柯兵，郭生练，何绍坤，等. 基于月径流预报的三峡水库优化蓄水方案［J］. 武汉大学学报（工学版），2018，51（2）：112－117.

陈柯兵，郭生练，王俊，等. 长江上游ECMWF降水和径流预报产品评估［J］. 人民长江，2020，51（3）：73－80.

陈守煜. 中长期水文预报综合分析理论模式与方法［J］. 水利学报，1997（8）：16－22.

丁一汇. 季节气候预测的进展和前景［J］. 气象科技进展，2011，1（3）：14－27.

董前进，张旭. 基于遥相关的三峡水库中长期径流预测［J］. 华北水利水电大学学报（自然科学版），2016，37（6）：38－42.

高真，黄本胜，陈晓宏，等. 多源遥感降水评估及其在水文模拟中的应用［J］. 中国农村水利水电，2021（4）：27－32.

葛朝霞，薛梅，宋颖玲. 多因子逐步回归周期分析在中长期水文预报中的应用［J］. 河海大学学报（自然科学版），2009，37（3）：255－257.

龚道溢，王绍武. 南极涛动［J］. 科学通报，1998（3）：296－301.

管晓祥，金君良，刘悦，等. 基于数值天气预报模式的流域中期径流预报［J］. 水利水电技术，2018，49（11）：46－53.

国家气候中心，中国气象科学研究院. 厄尔尼诺/拉尼娜事件判别方法［Z］. 中华人民共和国国家质量监督检验检疫总局，中国国家标准化管理委员会，2017：12.

何小刚，赵铜铁钢，杨大文. 分布式水文模型与气象遥相关分析相结合的丹江口水库月入库径流预测［J］．水力发电学报，2013，32（3）：4-9.
黄泽青，刘洋，杨振华，等．北美多模型集合预报实验（NMME）全球降水预报对长江上游流域夏季降水适用性研究［J］．水文，2020，40（6）：16-23.
黄忠恕，金兴平．水文气候预测基础理论与应用技术［M］．北京：中国水利水电出版社，2005.
纪昌明，俞洪杰，阎晓冉，等．基于联合互信息的水文预报因子集选取研究［J］．水力发电学报，2017，36（8）：12-21.
贾小龙，陈丽娟，高辉，等．我国短期气候预测技术进展［J］．应用气象学报，2013，24（6）：641-655.
姜继兰，刘屹岷，李建平，等．印度洋偶极子研究进展回顾［J］．地球科学进展，2021，36（6）：579-591.
朗杨．CFSv2在中国区域的季节干旱可预报性研究［D］．北京：北京师范大学，2015.
李崇银，李桂龙．北大西洋涛动和北太平洋涛动的演变与20世纪60年代的气候突变［J］．科学通报，1999（16）：1765-1769.
李春晖，林爱兰，谷德军，等．基于CFS预报产品的广东省季节降水统计降尺度预测［J］．热带气象学报，2012，28（6）：797-808.
李佳佳，贺新光，卢希安．长江流域月降水的EEMD多时间尺度遥相关分析［J］．长江流域资源与环境，2019，28（8）：1898-908.
李晓燕，翟盘茂．ENSO事件指数与指标研究［J］．气象学报，2000（1）：102-109.
李岩，胡军，王金星，等．河流集合预报方法（ESP）在水资源中长期预测中的应用研究［J］．水文，2008（1）：25-27.
李诒路．基于ECMWF System 4的中长期径流集合预报研究［D］．北京：清华大学，2018.
林剑艺，程春田．支持向量机在中长期径流预报中的应用［J］．水利学报，2006（6）：681-686.
林沛榕，张艳军，冼翠玲，等．不同时间尺度的中长期水文预报研究［J］．水文，2017，37（6）：1-8.
麻巨慧，朱跃建，王盘兴，等．NCEP、ECMWF及CMC全球集合预报业务系统发展综述［J］．大气科学学报，2011，34（3）：370-380.
孟二浩，黄生志，黄强，等．融合大气环流异常因子的径流预报研究［J］．水力发电学报，2017，36（8）：34-42.
彭兆亮．统计模型与动力多模式相结合的中国季度降水预测及应用研究［D］．大连：大连理工大学，2014.
彭兆亮，Q. J. Wang，王子茹，等．订正与集成多模式的中国季度降水预测［J］．水科学进展，2014，25（1）：1-9.
任福民，袁媛，孙丞虎，等．近30年ENSO研究进展回顾［J］．气象科技进展，2012，2（3）：17-24.
桑燕芳．水文序列小波分析与预报方法的研究及应用［D］．南京：南京大学，2011.
宋连春，肖风劲，李威．我国现代气候业务现状及未来发展趋势［J］．应用气象学报，2013，24（5）：513-520.
孙娜．机器学习理论在径流智能预报中的应用研究［D］．武汉：华中科技大学，2019.

孙照渤，陈海山，谭桂容. 短期气候预测基础［M］. 北京：气象出版社，2010.
汤成友. 现代中长期水文预报方法及其应用［M］. 北京：中国水利水电出版社，2008.
陶诗言，张庆云. 亚洲冬夏季风对ENSO事件的响应［J］. 大气科学，1998（4）：15-23.
王本德，周惠成，卢迪. 我国水库（群）调度理论方法研究应用现状与展望［J］. 水利学报，2016，47（3）：337-345.
王富强. 中长期水文预报及其在平原洪水资源利用中的应用研究［D］. 大连：大连理工大学，2008.
王富强，霍风霖. 中长期水文预报方法研究综述［J］. 人民黄河，2010，32（3）：25-28.
王浩，严登华，贾仰文，等. 现代水文水资源学科体系及研究前沿和热点问题［J］. 水科学进展，2010，21（4）：479-489.
王会军，范可. 西北太平洋台风生成频次与南极涛动的关系［J］. 科学通报，2006（24）：2910-2914.
王文，马骏. 若干水文预报方法综述［J］. 水利水电科技进展，2005（1）：56-60.
魏凤英. 我国短期气候预测的物理基础及其预测思路［J］. 应用气象学报，2011，22（1）：1-11.
吴捷，任宏利，张帅，等. BCC二代气候系统模式的季节预测评估和可预报性分析［J］. 大气科学，2017，41（6）：1300-1315.
吴统文，宋连春，刘向文，等. 国家气候中心短期气候预测模式系统业务化进展［J］. 应用气象学报，2013，24（5）：533-543.
吴旭树，郭生练，巴欢欢，等. 基于海温多极指标的长期降水预报方法［J］. 水利学报，2018，49（10）：1276-1283.
夏军，刘春蓁，任国玉. 气候变化对我国水资源影响研究面临的机遇与挑战［J］. 地球科学进展，2011，26（1）：1-12.
夏军，石卫. 变化环境下中国水安全问题研究与展望［J］. 水利学报，2016，47（3）：292-301.
肖子牛，晏红明，李崇银. 印度洋地区异常海温的偶极振荡与中国降水及温度的关系［J］. 热带气象学报，2002（4）：335-344.
熊怡，周建中，贾本军，等. 基于随机森林遥相关因子选择的月径流预报［J］. 水力发电学报，2021：1-14.
徐静，叶爱中，毛玉娜，等. 水文集合预报研究与应用综述［J］. 南水北调与水利科技，2014，12（1）：82-87.
徐炜，彭勇，张弛，等. 基于降雨预报信息的梯级水电站不确定优化调度研究Ⅱ：耦合短、中期预报信息［J］. 水利学报，2013，44（10）：1189-1196，203.
严登华，袁喆，王浩，等. 水文学确定性和不确定性方法及其集合研究进展［J］. 水利学报，2013，44（1）：73-82.
杨龙，田富强，胡和平. 结合大气环流和遥相关信息的集合径流预报方法及其应用［J］. 清华大学学报（自然科学版），2013，53（5）：606-612.
叶磊. 流域水文分析与水文预报方法研究［D］. 武汉：华中科技大学，2016.
雍燕兰，杨云川，赵铜铁钢. 水文集合预报检验指标调研及其在西江流域季节降水预报中的应用［J］. 水文，2020，40（6）：31-39.

於凡，曹颖．全球气候变化对区域水资源影响研究进展综述［J］．水资源与水工程学报，2008（4）：92－97，102．

袁星，马凤，李华，等．全球变化背景下多尺度干旱过程及预测研究进展［J］．大气科学学报，2020，43（1）：225－237．

张丹琦，孙凤华，张耀存．基于BCC第二代短期气候预测模式系统的中国夏季降水季节预测评估［J］．高原气象，2019，38（6）：1229－1240．

张东方，成青燕，何慧根，等．CFSv2模式资料在成都市延伸期降水预测中的应用评估［J］．气象研究与应用，2021，42（2）：1－6．

张洪波，俞奇骏，陈克宇，等．基于小波变换的径流周期与ENSO事件响应关系研究［J］．华北水利水电大学学报（自然科学版），2016，37（4）：59－66．

张洪刚，郭生练，何新林，等．水文预报不确定性的研究进展与展望［J］．石河子大学学报（自然科学版），2006（1）：15－21．

张建云．中国水文预报技术发展的回顾与思考［J］．水科学进展，2010，21（4）：435－443．

张建云，王金星，李岩，等．近50年我国主要江河径流变化［J］．中国水利，2008（2）：31－34．

张利平，夏军，胡志芳．中国水资源状况与水资源安全问题分析［J］．长江流域资源与环境，2009，18（2）：116－120．

张松林，张昆．空间自相关局部指标Moran指数和G系数研究［J］．大地测量与地球动力学，2007（3）：31－34．

赵建世，王君，赵铜铁钢．非稳态条件下的中长期径流耦合预报方法［J］．南水北调与水利科技，2016，14（5）：7－12．

赵铜铁钢．考虑水文预报不确定性的水库优化调度研究［D］．北京：清华大学，2013．

赵铜铁钢，杨大文，蔡喜明，等．基于随机森林模型的长江上游枯水期径流预报研究［J］．水力发电学报，2012，31（3）：18－24，38．

郑菲，李建平．前冬南半球环状模对春季华南降水的影响及其机理［J］．地球物理学报，2012，55（11）：3542－3557．

Anselin L. Local Indicators of Spatial Association—LISA［J］. Geographical Analysis，1995，27（2）：93－115.

Barnston A G，Tippett M K，L'heureux M L，et al. Skill of Real－Time Seasonal ENSO Model Predictions during 2002－11：Is Our Capability Increasing?［J］. Bulletin of the American Meteorological Society，2012，93（5）：631－651.

Becker E，Den Dool H V，Zhang Q. Predictability and Forecast Skill in NMME［J］. Journal of Climate，2014，27（15）：5891－5906.

Becker E，Kirtman Ben p，Pegion K. Evolution of the North American Multi－Model Ensemble［J］. Geophysical Research Letters，2020，47（9）：e2020GL087408.

Bjerknes J. Atmospheric Teleconnections from the Equatorial Pacific［J］. Monthly Weather Review，1969，97（3）：163－172.

Borovikov A，Cullather R，Kovach R，et al. GEOS－5 seasonal forecast system［J］. Climate Dynamics，2017，53（12）：7335－7361.

Bridgman H A，Oliver J E. The global climate system：patterns，processes，and teleconnections [M]. Cambridge University Press, 2014.

Cai W, Sullivan A, Cowan T. Rainfall Teleconnections with Indo - Pacific Variability in the WCRP CMIP3 Models [J]. Journal of Climate, 2009, 22 (19): 5046 - 5071.

Cai W, Van Rensch P, Cowan T, et al. Teleconnection Pathways of ENSO and the IOD and the Mechanisms for Impacts on Australian Rainfall [J]. Journal of Climate, 2011, 24 (15): 3910 - 3923.

Chen L - C, Van Den Dool H, Becker E, et al. ENSO Precipitation and Temperature Forecasts in the North American Multimodel Ensemble: Composite Analysis and Validation [J]. Journal of Climate, 2017, 30 (3): 1103 - 1125.

Chen M, Kumar A. Influence of ENSO SSTs on the spread of the probability density function for precipitation and land surface temperature [J]. Climate Dynamics, 2014, 45 (3 - 4): 965 - 974.

Chen M, Kumar A. Understanding Skill of Seasonal Mean Precipitation Prediction over California during Boreal Winter and Role of Predictability Limits [J]. Journal of Climate, 2020, 33 (14): 6141 - 6163.

Cohen J, Jones J. A new index for more accurate winter predictions [J]. Geophysical Research Letters, 2011, 38 (21).

Dai A, Wigley T M L. Global patterns of ENSO - induced precipitation [J]. Geophysical Research Letters, 2000, 27 (9): 1283 - 1286.

Davey M K, Brookshaw A, Ineson S. The probability of the impact of ENSO on precipitation and near - surface temperature [J]. Climate Risk Management, 2014, 1: 5 - 24.

Delworth T L, Broccoli A J, Rosati A, et al. GFDL's CM2 Global Coupled Climate Models. Part I: Formulation and Simulation Characteristics [J]. Journal of Climate, 2006, 19 (5): 643 - 674.

Delworth T L, Cooke W F, Adcroft A, et al. SPEAR: The Next Generation GFDL Modeling System for Seasonal to Multidecadal Prediction and Projection [J]. Journal of Advances in Modeling Earth Systems, 2020, 12 (3): e2019MS001895.

Dewitt D G. Retrospective Forecasts of Interannual Sea Surface Temperature Anomalies from 1982 to Present Using a Directly Coupled Atmosphere - Ocean General Circulation Model [J]. Monthly Weather Review, 2005, 133 (10): 2972 - 2995.

Doblas - Reyes F J, García - Serrano J, Lienert F, et al. Seasonal climate predictability and forecasting: status and prospects [J]. Wiley Interdisciplinary Reviews: Climate Change, 2013, 4 (4): 245 - 268.

Eldardiry H, Hossain F. The Value of Long - Term Streamflow Forecasts in Adaptive Reservoir Operation: The Case of the High Aswan Dam in the Transboundary Nile River Basin [J]. Journal of Hydrometeorology, 2021, 22 (5): 1099 - 1115.

Emerton R, Cloke H L, Stephens E M, et al. Complex picture for likelihood of ENSO - driven flood hazard [J]. Nat Commun, 2017, 8: 14796.

Emerton R, Zsoter E, Arnal L, et al. Developing a global operational seasonal hydro - meteorological forecasting system: GloFAS - Seasonal v1.0 [J]. Geosci Model Dev, 2018,

11 (8): 3327 - 3346.

Field C B, Barros V, Stocker T F, et al. Managing the risks of extreme events and disasters to advance climate change adaptation: special report of the intergovernmental panel on climate change [M]. Cambridge University Press, 2012.

Giuliani M, Zaniolo M, Castelletti A, et al. Detecting the State of the Climate System via Artificial Intelligence to Improve Seasonal Forecasts and Inform Reservoir Operations [J]. Water Resources Research, 2019, 55 (11): 9133 - 9147.

Glantz M, Katz R, Nicholls N. Teleconnections linking worldwide climate anomalies [M]. Cambridge University Press, 1991.

Ham Y G, Kim J H, Luo J J. Deep learning for multi - year ENSO forecasts [J]. Nature, 2019, 573 (7775): 568 - 572.

Hamlet A F, Lettenmaier D P. Columbia River streamflow forecasting based on ENSO and PDO climate signals [J]. Journal of water resources planning and management, 1999, 125 (6): 333 - 341.

He X, Feng K, Li X, et al. Solar and wind energy enhances drought resilience and groundwater sustainability [J]. Nat Commun, 2019, 10 (1): 4893.

Hewitt C, Director E J E N. The ENSEMBLES project [J]. 2005, 13: 22 - 5.

Huang Z, Zhao T. Predictive performance of ensemble hydroclimatic forecasts: Verification metrics, diagnostic plots and forecast attributes [J]. WIREs Water, 2022, 9 (2).

Huang Z, Zhao T, Liu Y, et al. Differing roles of base and fast flow in ensemble seasonal streamflow forecasting: An experimental investigation [J]. Journal of Hydrology, 2020, 591.

Infanti J M, Kirtman B P. Prediction and predictability of land and atmosphere initialized CCSM4 climate forecasts over North America [J]. Journal of Geophysical Research: Atmospheres, 2016, 121 (21): 12690 - 12701.

James R, Washington R, Abiodun B, et al. Evaluating Climate Models with an African Lens [J]. Bulletin of the American Meteorological Society, 2018, 99 (2): 313 - 336.

Jan Van Oldenborgh G, Balmaseda M A, et al. Evaluation of atmospheric fields from the ECMWF seasonal forecasts over a 15 - year period [J]. Journal of Climate, 2005, 18 (16): 3250 - 3269.

Jha B, Kumar A, Hu Z - Z. An update on the estimate of predictability of seasonal mean atmospheric variability using North American Multi - Model Ensemble [J]. Climate Dynamics, 2016, 53 (12): 7397 - 7409.

Jiang X, Yang S, Li Y, et al. Seasonal - to - Interannual Prediction of the Asian Summer Monsoon in the NCEP Climate Forecast System Version 2 [J]. Journal of Climate, 2013, 26 (11): 3708 - 3727.

Johnson S J, Stockdale T N, Ferranti L, et al. SEAS5: the new ECMWF seasonal forecast system [J]. Geosci Model Dev, 2019, 12 (3): 1087 - 1117.

Jong B - T, Ting M, Seager R. Assessing ENSO Summer Teleconnections, Impacts, and Predictability in North America [J]. Journal of Climate, 2021, 34 (9): 3629 - 3643.

Kim H - M, Webster P J, Curry J A. Seasonal prediction skill of ECMWF System 4 and NCEP

CFSv2 retrospective forecast for the Northern Hemisphere Winter [J]. Climate Dynamics, 2012, 39 (12): 2957 - 2973.

Kirtman B P, Min D. Multimodel Ensemble ENSO Prediction with CCSM and CFS [J]. Monthly Weather Review, 2009, 137 (9): 2908 - 2930.

Kirtman B P, Min D, Infanti J M, et al. The North American Multimodel Ensemble: Phase - 1 Seasonal - to - Interannual Prediction; Phase - 2 toward Developing Intraseasonal Prediction [J]. Bulletin of the American Meteorological Society, 2014, 95 (4): 585 - 601.

Koster R D, Mahanama S P P, Yamada T J, et al. Contribution of land surface initialization to subseasonal forecast skill: First results from a multi - model experiment [J]. Geophysical Research Letters, 2010, 37 (2): L02402.

Lenssen N J L, Goddard L, Mason S. Seasonal Forecast Skill of ENSO Teleconnection Maps [J]. Weather and Forecasting, 2020, 35 (6): 2387 - 2406.

Lin H, Merryfield W J, Muncaster R, et al. The Canadian Seasonal to Interannual Prediction System Version 2 (CanSIPSv2) [J]. Weather and Forecasting, 2020, 35 (4): 1317 - 1343.

López - Moreno J I, Vicente - Serrano S M. Positive and Negative Phases of the Wintertime North Atlantic Oscillation and Drought Occurrence over Europe: A Multitemporal - Scale Approach [J]. Journal of Climate, 2008, 21 (6): 1220 - 1243.

Lu B, Scaife A A, Dunstone N, et al. Skillful seasonal predictions of winter precipitation over southern China [J]. Environmental Research Letters, 2017, 12 (7).

Manabe S, Bryan K. Climate Calculations with a Combined Ocean - Atmosphere Model [J]. Journal of Atmospheric Sciences, 1969, 26 (4): 786 - 789.

Manzanas R, Frías M D, Cofiño A S, et al. Validation of 40 year multimodel seasonal precipitation forecasts: The role of ENSO on the global skill [J]. Journal of Geophysical Research: Atmospheres, 2014, 119 (4): 1708 - 1719.

Mason S J, Goddard L. Probabilistic precipitation anomalies associated with ENSO [J]. Bulletin of the American Meteorological Society, 2001, 82 (4): 619 - 638.

Maurer E P, Lettenmaier D P. Predictability of seasonal runoff in the Mississippi River basin [J]. Journal of Geophysical Research, 2003, 108 (D16).

Merryfield W J, Lee W - S, Boer G J, et al. The Canadian Seasonal to Interannual Prediction System. Part I: Models and Initialization [J]. Monthly Weather Review, 2013, 141 (8): 2910 - 2945.

Milly P C, Betancourt J, Falkenmark M, et al. Climate change. Stationarity is dead: whither water management? [J]. Science, 2008, 319 (5863): 573 - 574.

Minami A, Takaya Y. Enhanced Northern Hemisphere Correlation Skill of Subseasonal Predictions in the Strong Negative Phase of the Arctic Oscillation [J]. Journal of Geophysical Research: Atmospheres, 2020, 125 (10): e2019JD031268.

Molod A, Hackert E, Vikhliaev Y, et al. GEOS - S2S Version 2: The GMAO High Resolution Coupled Model and Assimilation System for Seasonal Prediction [J]. J Geophys Res Atmos, 2020, 125 (5).

Molod A, Hackert E, Vikhliaev Y, et al. GEOS - S2S Version 2: The GMAO High - Resolution Coupled Model and Assimilation System for Seasonal Prediction [J]. Journal of Geophysical Research: Atmospheres, 2020, 125 (5): e2019JD031767.

Montanari A, Rosso R, Taqqu M S. A seasonal fractional ARIMA Model applied to the Nile River monthly flows at Aswan [J]. Water Resources Research, 2000, 36 (5): 1249-1259.

O'leary B, Reiners J J, Xu X, et al. Identification and influence of spatio-temporal outliers in urban air quality measurements [J]. Science of the Total Environment, 2016, 573: 55-65.

Palmer T, Hagedorn R. Predictability of weather and climate [M]. Cambridge University Press, 2006.

Palmer T N, Alessandri A, Andersen U, et al. Development of a European multimodel ensemble system for seasonal-to-interannual prediction (DEMETER) [J]. Bulletin of the American Meteorological Society, 2004, 85 (6): 853-872.

Pechlivanidis I G, Crochemore L, Rosberg J, et al. What Are the Key Drivers Controlling the Quality of Seasonal Streamflow Forecasts? [J]. Water Resources Research, 2020, 56 (6).

Pegion K, Kumar A. Does An ENSO-Conditional Skill Mask Improve Seasonal Predictions? [J]. Monthly Weather Review, 2013, 141 (12): 4515-4533.

Peng B, Guan K, Pan M, et al. Benefits of Seasonal Climate Prediction and Satellite Data for Forecasting U. S. Maize Yield [J]. Geophysical Research Letters, 2018, 45 (18): 9662-9671.

Peng P, Kumar A, Wang W. An analysis of seasonal predictability in coupled model forecasts [J]. Climate Dynamics, 2011, 36 (3-4): 637-648.

Peng Z, Wang Q J, Bennett J C, et al. Statistical calibration and bridging of ECMWF System4 outputs for forecasting seasonal precipitation over China [J]. Journal of Geophysical Research: Atmospheres, 2014, 119 (12): 7116-7135.

Phillips N A. The general circulation of the atmosphere: A numerical experiment [J]. Quarterly Journal of the Royal Meteorological Society, 1956, 82 (352): 123-164.

Propastin P A, Kappas M. Reducing Uncertainty in Modeling the NDVI-Precipitation Relationship: A Comparative Study Using Global and Local Regression Techniques [J]. GIScience & Remote Sensing, 2008, 45 (1): 47-67.

Ramu D A, Sabeerali C T, Chattopadhyay R, et al. Indian summer monsoon rainfall simulation and prediction skill in the CFSv2 coupled model: Impact of atmospheric horizontal resolution [J]. Journal of Geophysical Research: Atmospheres, 2016, 121 (5): 2205-2221.

Rodell M, Famiglietti J S, Wiese D N, et al. Emerging trends in global freshwater availability [J]. Nature, 2018, 557 (7707): 651-659.

Saha S, Moorthi S, Wu X, et al. The NCEP Climate Forecast System Version 2 [J]. Journal of Climate, 2014, 27 (6): 2185-2208.

Saha S, Nadiga S, Thiaw C, et al. The NCEP Climate Forecast System [J]. Journal of Climate, 2006, 19 (15): 3483-3517.

Saji N H, Goswami B N, Vinayachandran P N, et al. A dipole mode in the tropical Indian Ocean [J]. Nature, 1999, 401 (6751): 360-363.

Sankarasubramanian A, Lall U. Flood quantiles in a changing climate: Seasonal forecasts and causal relations [J]. Water Resources Research, 2003, 39 (5).

Sharma A, Wasko C, Lettenmaier D P. If Precipitation Extremes Are Increasing, Why Aren't Floods? [J]. Water Resources Research, 2018, 54 (11): 8545-8551.

Shin C-S, Huang B, Kumar A. Predictive Skill and Predictable Patterns of the U. S. Seasonal Precipitation in CFSv2 Reforecasts of 60 Years (1958-2017) [J]. Journal of Climate, 2019, 32 (24): 8603-8637.

Shukla S, Sheffield J, Wood E F, et al. On the sources of global land surface hydrologic predictability [J]. Hydrology and Earth System Sciences, 2013, 17 (7): 2781-2796.

Slater L J, Villarini G, Bradley A A. Evaluation of the skill of North-American Multi-Model Ensemble (NMME) Global Climate Models in predicting average and extreme precipitation and temperature over the continental USA [J]. Climate Dynamics, 2016, 53 (12): 7381-7396.

Small R J, Bacmeister J, Bailey D, et al. A new synoptic scale resolving global climate simulation using the Community Earth System Model [J]. Journal of Advances in Modeling Earth Systems, 2014, 6 (4): 1065-1094.

Steinschneider S, Lall U. El Niño and the U. S. precipitation and floods: What was expected for the January-March 2016 winter hydroclimate that is now unfolding? [J]. Water Resources Research, 2016, 52 (2): 1498-1501.

Strazzo S, Collins D C, Schepen A, et al. Application of a Hybrid Statistical-Dynamical System to Seasonal Prediction of North American Temperature and Precipitation [J]. Monthly Weather Review, 2019, 147 (2): 607-625.

Tobler W R. A Computer Movie Simulating Urban Growth in the Detroit Region [J]. Economic Geography, 1970, 46: 234-240.

Trenberth K E. The Definition of El Niño [J]. Bulletin of the American Meteorological Society, 1997, 78 (12): 2771-2777.

Trenberth K E, Branstator G W, Karoly D, et al. Progress during TOGA in understanding and modeling global teleconnections associated with tropical sea surface temperatures [J]. Journal of Geophysical Research: Oceans, 1998, 103 (C7): 14291-14324.

Trenberth K E, Stepaniak D P. Indices of El Niño Evolution [J]. Journal of Climate, 2001, 14 (8): 1697-1701.

Vano J A, Udall B, Cayan D R, et al. Understanding Uncertainties in Future Colorado River Streamflow [J]. Bulletin of the American Meteorological Society, 2014, 95 (1): 59-78.

Vashisht A, Zaitchik B, Gnanadesikan A. ENSO Teleconnection to Eastern African Summer Rainfall in Global Climate Models: Role of the Tropical Easterly Jet [J]. Journal of Climate, 2021, 34 (1): 293-312.

Vecchi G A, Delworth T, Gudgel R, et al. On the Seasonal Forecasting of Regional Tropical Cyclone Activity [J]. Journal of Climate, 2014, 27 (21): 7994-8016.

Vitart F, Huddleston M R, Déqué M, et al. Dynamically-based seasonal forecasts of Atlantic tropical storm activity issued in June by EUROSIP [J]. Geophysical Research Letters, 2007, 34 (16).

Wallace J M, Gutzler D S. Teleconnections in the Geopotential Height Field during the Northern

Hemisphere Winter [J]. Monthly Weather Review, 1981, 109 (4): 784 - 812.

Wang B, Wu R, Fu X. Pacific - East Asian teleconnection: how does ENSO affect East Asian climate? [J]. Journal of Climate, 2000, 13 (9): 1517 - 1536.

Wang H, Long L, Kumar A, et al. How Well Do Global Climate Models Simulate the Variability of Atlantic Tropical Cyclones Associated with ENSO? [J]. Journal of Climate, 2014, 27 (15): 5673 - 5692.

Wang J, Wang X, Lei X H, et al. Teleconnection analysis of monthly streamflow using ensemble empirical mode decomposition [J]. Journal of Hydrology, 2020, 582.

Wang Q J, Robertson D E, Chiew F H S. A Bayesian joint probability modeling approach for seasonal forecasting of streamflows at multiple sites [J]. Water Resources Research, 2009, 45 (5).

Wen C, Xue Y, Kumar A. Seasonal Prediction of North Pacific SSTs and PDO in the NCEP CFS Hindcasts [J]. Journal of Climate, 2012, 25 (17): 5689 - 5710.

Wilks D S. "The Stippling Shows Statistically Significant Grid Points": How Research Results are Routinely Overstated and Overinterpreted, and What to Do about It [J]. Bulletin of the American Meteorological Society, 2016, 97 (12): 2263 - 2273.

Xie P, Chen M, Shi W. CPC unified gauge - based analysis of global daily precipitation; proceedings of the Preprints, 24th Conf on Hydrology, Atlanta, GA, Amer Meteor Soc, F, 2010 [C].

Yan D, Lei Y, Shi Y, et al. Evolution of the spatiotemporal pattern of PM2. 5 concentrations in China - A case study from the Beijing - Tianjin - Hebei region [J]. Atmospheric Environment, 2018, 183: 225 - 233.

Yan Y, Wu H, Gu G, et al. Exploring the ENSO Impact on Basin - Scale Floods Using Hydrological Simulations and TRMM Precipitation [J]. Geophysical Research Letters, 2020, 47 (22).

Yang S, Jiang X. Prediction of Eastern and Central Pacific ENSO Events and Their Impacts on East Asian Climate by the NCEP Climate Forecast System [J]. Journal of Climate, 2014, 27 (12): 4451 - 4572.

Yang S, Li Z, Yu J - Y, et al. El Niño - Southern Oscillation and its impact in the changing climate [J]. National Science Review, 2018, 5 (6): 840 - 857.

Yang S, Zhang Z, Kousky V E, et al. Simulations and Seasonal Prediction of the Asian Summer Monsoon in the NCEP Climate Forecast System [J]. Journal of Climate, 2008, 21 (15): 3755 - 3775.

Yang X, Delsole T. Systematic Comparison of ENSO Teleconnection Patterns between Models and Observations [J]. Journal of Climate, 2012, 25 (2): 425 - 446.

Yao M, Yuan X. Superensemble seasonal forecasting of soil moisture by NMME [J]. International Journal of Climatology, 2018, 38 (5): 2565 - 2574.

Yeh S - W, Cai W, Min S - K, et al. ENSO Atmospheric Teleconnections and Their Response to Greenhouse Gas Forcing [J]. Reviews of Geophysics, 2018, 56 (1): 185 - 206.

Yuan X, Wood E F, Luo L, et al. A first look at Climate Forecast System version 2 (CFSv2) for hydrological seasonal prediction [J]. Geophysical Research Letters, 2011, 38 (13): L13402.

Yuan X, Wood E F, Ma Z. A review on climate - model - based seasonal hydrologic forecasting: physical understanding and system development [J]. Wiley Interdisciplinary Reviews: Water, 2015, 2 (5): 523 - 536.

Yuan X, Wood E F, Roundy J K, et al. CFSv2 - Based Seasonal Hydroclimatic Forecasts over the Conterminous United States [J]. Journal of Climate, 2013, 26 (13): 4828 - 4847.

Zhao T, Bennett J C, Wang Q J, et al. How Suitable is Quantile Mapping For Postprocessing GCM Precipitation Forecasts? [J]. Journal of Climate, 2017, 30 (9): 3185 - 3196.

Zhao T, Chen H, Shao Q, et al. Attributing correlation skill of dynamical GCM precipitation forecasts to statistical ENSO teleconnection using a set - theory - based approach [J]. Hydrology and Earth System Sciences, 2021, 25 (11): 5717 - 5732.

Zhao T, Chen H, Xu W, et al. Spatial association of anomaly correlation for GCM seasonal forecasts of global precipitation [J]. Climate Dynamics, 2020, 55 (7 - 8): 2273 - 2286.

Zhao T, Chen X, Liu P, et al. Relating Anomaly Correlation to Lead Time: Principal Component Analysis of NMME Forecasts of Summer Precipitation in China [J]. Journal of Geophysical Research: Atmospheres, 2018, 123 (11): 6039 - 6052.

Zhao T, Liu P, Zhang Y, et al. Relating anomaly correlation to lead time: Clustering analysis of CFSv2 forecasts of summer precipitation in China [J]. Journal of Geophysical Research: Atmospheres, 2017, 122 (17): 9094 - 9106.

Zhao T, Wang Q J, Schepen A. A Bayesian modelling approach to forecasting short - term reference crop evapotranspiration from GCM outputs [J]. Agricultural and forest meteorology, 2019, 269 - 270: 88 - 101.

Zhao T, Wang Q J, Schepen A, et al. Ensemble forecasting of monthly and seasonal reference crop evapotranspiration based on global climate model outputs [J]. Agricultural and forest meteorology, 2019, 264: 114 - 124.

Zhao T, Zhang W, Zhang Y, et al. Significant spatial patterns from the GCM seasonal forecasts of global precipitation [J]. Hydrology and Earth System Sciences, 2020, 24 (1): 1 - 16.

Zhao T, Zhang Y, Chen X. Predictive performance of NMME seasonal forecasts of global precipitation: A spatial - temporal perspective [J]. Journal of Hydrology, 2019, 570: 17 - 25.